# 新加坡城市规划

## URBAN PLANNING IN SINGAPORE


[新加坡] 王才强（Heng Chye Kiang）

[加拿大] 杨淑娟（Yeo Su-Jan）

[加拿大] 陈丹枫（Tan Dan F

曹语芯




中国建筑工业出版社

审图号：GS（2022）2408号
著作权合同登记图字：01-2022-2715号
图书在版编目（CIP）数据

新加坡城市规划 =URBAN PLANNING IN SINGAPORE/（新加坡）王才强，（加）杨淑娟著；（加）陈丹枫，曹语芯译 .— 北京：中国建筑工业出版社，2022.7
书名原文：Singapore Chronicles：Urban Planning
ISBN 978-7-112-27332-4

Ⅰ . ①新… Ⅱ . ①王… ②杨… ③陈… ④曹… Ⅲ . ①城市规划 – 研究 – 新加坡 Ⅳ . ① TU984.339

中国版本图书馆 CIP 数据核字（2022）第 066153 号

责任编辑：杜　洁　孙书妍
责任校对：赵　颖

本书曾以英文出版，书名为 Singapore Chronicles：Urban Planning。

新加坡城市规划
URBAN PLANNING IN SINGAPORE
[ 新加坡 ] 王才强（Heng Chye Kiang）
[ 加拿大 ] 杨淑娟（Yeo Su-Jan） 著
[ 加拿大 ] 陈丹枫（Tan Dan Feng）
曹语芯 译
*
中国建筑工业出版社出版、发行（北京海淀三里河路 9 号）
各地新华书店、建筑书店经销
北京雅盈中佳图文设计公司制版
临西县阅读时光印刷有限公司印刷
*
开本：880 毫米 ×1230 毫米　1/32　印张：$4^1/_4$　字数：95 千字
2022 年 7 月第一版　2022 年 7 月第一次印刷
定价：**48.00** 元
ISBN 978-7-112-27332-4
（38955）

# 目　录

第 1 章　一个小岛国：土地挑战与机遇　001
第 2 章　土地规划：塑造建筑环境　013
第 3 章　住屋与交通运输　041
第 4 章　经济与工业　075
第 5 章　环境与水　095
第 6 章　结　论　117

注　释　123
参考书目　125
作者简介　131
译者简介　132

# 第 1 章

# 一个小岛国：土地挑战与机遇

长期以来，人类文明一直珍视和利用着自然资源（如土地、水、矿产和化石燃料）的资本价值。有些国家拥有丰富的自然资源，有些国家，如新加坡，却缺乏自然资源。新加坡自然资源的稀缺（尤其在土地和水方面）使其更需要依赖智慧和想象力来确保国家的生存。这个占地 719 平方公里的岛国除了面对无法更改的国家边界和土地的局限，其土地发展亦受到境内自然保护区、国防训练区和机场区的约束。尽管存在着这些客观限制，新加坡经济仍保持着持续的增长。在相对较短的 50 年间，新加坡的人均国内生产总值从 1965 年的 516 美元增至 2014 年的 56284 美元，增长了约 100 倍（Department of Statistics，2015a）。

新加坡独立后第一个 25 年（1965~1990 年）的快速增长可归因于政府对国家建设的“六大优先事项”的重视，即就业、住屋、交通、水源、环境和国防。之后的 25 年（1990~2015 年）间，重点逐渐转向如何提高新加坡在全球舞台上的地位，即如何促进创造力、创新和宜居性，这成为新加坡近年来市貌巨大转型背后的推动力。在当今全球化、城市化和技术驱动的世界，一个国家的竞争优势越来越少地依赖传统的贸易角色和模式，而更依赖知识生产、技术创新和创业精神。

作为创造力、知识和创新的枢纽，城市将在其国家经济发展的最前沿发挥更大的作用。土地将继续作为重要的资产，为新兴产业和与增长相连的人口趋势提供必需的基础设施。但作为主权国家，土地不一定是当地社会生存的唯一要素。就新加坡而言，土地与国家之间的关系比较特别，因为新加坡作为一个城市的同时，[1] 也是一个国家（图 1.1）。

**图 1.1　高速公路与半高速公路网络将市中心与周边的市郊和 23 个新市镇连接**

当我们称新加坡为一个“城市”，这指的是一个市区核心加上周边的市郊和 23 个新市镇（第 24 个镇已经开始建设）。此图显示当前的高速公路和半高速公路网叠印在摘于《建屋发展局 2009/2010 年主要统计数字报告》的底图上（经修改）。此图由林永天绘制。

本序章从新加坡独特的地理、政治与实体环境角度探讨它的土地问题。新加坡的特殊条件一方面由预设的局限造成，另一方面则由创新的机会产生。新加坡未来增长所面对的地理和实体局限有哪些？这些局限如何同时为国家提供创新的新契机，以克服其对城市与经济发展的限制？新加坡独特的政治格局与国家体系如何促进或阻碍土地规划和土地利用创新？随着国家愿景和社会期望的改变，土地政策可能如何转变？下文将讨论新加坡作为一个岛国所面对的与土地相关的挑战与机遇。

## 新加坡的特殊环境

### 区域地理

新加坡是一个拥有 550 万人口[2]的岛国，位于占世界人口 60％的亚洲大陆（United Nations，2015）。新加坡距离中国和印度有 6 小时的飞行距离。这两个国家是世界上人口最多的国家，其市场经济规模预计将在 2050 年超越美国（Mahbubani，2014）。至于新加坡所在区域东南亚，区域内比新加坡大很多的国家不仅有资源丰富的腹地作为经济支撑，它们的都会区也正在扩展，城市化不断加剧。这些城市集聚区正飞速发展成具有竞争力的服务生产节点，训练并吸引了教育程度和技能越来越高的当地劳动力。在此背景下，再加上新加坡的国内市场狭小，促使新加坡探索境外的经济机会，从而形成了被称为“新加坡无限”（Singapore Unlimited）的模式（Tan，2002）。因此，新加坡持续处于变革状态，通过利用其地缘战略环境创造途径，在竞争激烈的全球经济中建立自己独特的地位。

今天的新加坡已成为一个经济发达和高度城市化的国家。自殖民地时期，作为一个小岛，新加坡就一直试图通过自由贸易政策和开放市场欢迎跨国公司进入，以寻求生机。虽然此类国家政策一般带有资本主义特色，但政府仍拥有大部分的土地所有权。目前，超过 80% 的人口居住在公共住屋（也称为组屋，public housing）。因此，新加坡的发展模式很难归类。也许，将其描述为一种混合资本主义和社会主义路径进行宏观经济管理的模式最为恰当（另参 Koh，2009；Chen，1984，319）。新加坡的发展和管理方法所取得的成就不仅仅是战略决策的结果，也归功于单层国家体系（single-tier state system）所带来的政府机构高效协调作用。

## 国家与治理

新加坡的政治格局在许多方面与众不同。从政党政治的角度来看，人民行动党（People's Action Party，PAP）政府自 1959 年获选后已执政超过 60 年。一个由单个政党主导的政治格局对土地规划和发展有一定的影响。人民行动党长期以来不间断的执政创造了一个连续性治理的框架，使长期发展计划和政策得以实现，而这些计划和政策往往需要一代或更长的时间才能在城市环境中显现出结果。政治连续性是允许对计划决策进行长期细微调整以实现未来长远愿景的一个关键因素。

作为一个城市国家，新加坡有一个中央集权政府。这在土地规划和开发方面带来三个主要优势。首先，当需要协调和实施影响多个政府利益相关方的发展计划时，可采用更直接的渠道，如高层磋商或“整体政府”（whole of government）。此类协调有助于提高管理效率，而这在管理一个岛国的各种功能和空间尺度时特别有用，不管是在日常邻里生活的地方层面还是在基础设施和国防的国家层面。其次，一个单层国家体系让政府可以在逆境和紧急情况下迅速做出反应并制定官方措施。单层国家体系与多层体系相比，亦可避免普遍存在的各级政府为争取各自利益导致决策不一致的现象。新加坡的中央集权政府模式允许其合理、快速和协调地处理复杂事件，发挥单层国家体系的优势。然而，这种模式是否可以继续有效地为民众服务已成为一个重要的问题，尤其考虑到人口的增长和老龄化、城镇的日趋多元化和多样化。这需要另外与城市治理的未来这个课题一起讨论。

最后，如果分析新加坡的土地管理系统，就会发现政府是国家最大的土地所有者。新加坡大部分土地为国有，由各政府法定机构持有和管理，以便于直接规划和提供公共设施（包括道路、住屋、学校和公园）。在殖民地时期，官地（crown land）的比例已经相当高：1949 年占 31%、1960 年占 44%。1965 年，公有土地已占所有土地的 49.2%，而这个比例在英国军事基地于 1971 年归还新加坡政府时再次上升（Motha and Yuen，1999）。1967 年颁布了一项重要的立法《土地征用法令》（Land Acquisition Act），进一步增加了公有土地的份额。该法令赋予国家通过补偿方式征用与合并私有土地用于战略性公共目的的权力。在为公共项目（特别是公共住屋和交通基础设施）开发土地的规划和落实上，该法令赋予政府更大的控制力和协调能力，并将成本维持在合理的范围内。在国家独立后的初期尤其如此。当时的土地价格低廉，而政府为预期的未来发展征用了大片土地。1964 年也颁布了另一项重要的法案《前滩（修订）法令》[Foreshores（Amendment）Ordinance]，禁止受前滩填海影响的私人土地所有者因失去海旁区要求赔偿。自独立以来，新加坡的填海面积约 140 平方公里，让国家土地面积增加了约 24%。部分填海土地位于新加坡东部，这允许政府规划和建设新市镇 [ 如马林百列（Marine Parade）]、开发国家资产 [ 如樟宜机场（Changi Airport）和位于滨海南区（Marina South）的新市区 ]，以及建造交通主动脉 [ 如连接机场和市中心的东海岸公园大道（East Coast Parkway）]。

政府亦是最大的土地售卖方。同样在 1967 年推出的政府售地计划（Government Land Sales，GLS）让政府以透明的公开招标方式将国有土地出售给私人企业。通过该计划，政府与私人企业界进行合作以满足市场需求，并实现其住屋、办公、商业和工业发展计划。此外，国有土地的使用权是按地契经营的，例如，公共住屋为 99 年，工业用地为 30 年。这种土地使用权制度让政府可以选择在地契期满时收回土地，将其重新分配以用于未来的发展需要。新加坡的土地局限性使其更加需要细心监察和管理土地，以支持国家的长期增长和生存。

## 土地供应与自然资源

在新加坡，土地规划是土地和自然资源总体监管中的一个重要制度过程。该过程让土地和资源利用的战略远景和指导原则得以阐述，并将其正式化为几种类型的官方计划书和文件。这些官方计划书和文件接着成为国家实现最佳和可持续的实体发展的蓝图。

实际上，在大多数（或甚至所有）发达经济体中，土地规划是一种规范和既定的做法。在这层意义上，新加坡土地规划机构所扮演的角色和职责与其他经济体的城市行政部门的角色和职责相似。不过，新加坡土地规划的方法颇具特色。

首先，土地规划是一种跨学科的实践活动，实践者需要对社会、经济和环境层面以及它们如何在自然地形上表现有技术上的了解。正因为如此，协调一致地表达和实施土地政策是妥善实施总体规划的必要条件。新加坡面积小，这一点更为重要。因此，政府有必要有效和集中地协调各个机构的政策和方案，以确保土地优化利用，实现其社会、经济和环境的目标。所谓的综合总体规划过程（integrated master planning）可确保各个政府机构对土地使用进行平衡和权衡。

第二，新加坡在土地规划方面采取中期和长期愿景。这种双重的规划愿景需要一套相互关联的土地使用计划书，清晰和令人信服地传达城市增长和发展的方向。长期的愿景和广阔的空间战略（例如，设立区域中心、新市镇和镇中心，调整交通网络，保护绿地和基础设施用地）会以长期（时间范围为 40~50 年）的概念规划（Concept Plan）表达。用于促进土地开发的更详细的规划参数（例如，地块配置、分区和容积率）则在中期（时间范围为 10~15 年）总体规划（Master Plan）中说明。概念规划和总体规划分别每 10 年和每 5 年进行修编。修编过程均涉及与各个政府机构和机构利益相关者进行广泛协商，然后举办全国性展览，以获取公众反馈。新加坡的规划方法不仅具有前瞻性，而且具有严谨的司法组织结构，慎重执行。

《规划法令》（Planning Act）为规划机构制定了一个审阅、修订和实施总体规划的法律框架，从而确保规划过程的问责性、透明度和连续性。

第三，土地和资源局限带来的永久性规划挑战促进了国家对创新的追求，坚信可以通过严谨的分析和积极的研究寻求有创意的解决方案。自独立以来，新加坡的规划理念就确立在争取自足和可持续发展以实现长期增长和生存的基本原则上。此理念导致新加坡的土地使用政策具有创新思维和创意。例如，新加坡已开始涉足地下空间，包括在万礼（Mandai）建造用于保管爆炸物的地下军火库和在裕廊岛（Jurong Island）地下 150 米建造用于储存液态烃的地下储油库。目前，有关如何进一步开发地下空间的研究还正在进行。实际上，土地创新和科技进步息息相关。因而，新加坡的土地规划不只是政府机构协调参与，也涉及研究机构和工业企业，充分利用广泛的知识和专门技术为土地使用创造新的可能性。

## 土地挑战与机遇

通过促进公共住屋、地铁交通、海港和机场设施以及工业企业等重要发展计划，土地规划在新加坡从第三世界攀升至第一世界国家的过程中发挥了重要作用。然而，土地对新加坡的城市未来也带来了巨大的规划挑战。目前，这些挑战是通过长期和综合的总体规划，加上增加密度（density）和去中心化发展（decentralisation）双重策略精心处理的。近年来，技术和应用研究亦帮助实现了土地集约化利用的潜力，尤其是在住屋（楼高50层的政府组屋）、农业（垂直农业）和库存存储（地下空间）领域。此外，新加坡也通过公私伙伴关系和国际合作模式开展战略项目，以寻求与土地和资源相关的新机会。

例如，新加坡农粮兽医局（Agri-Food & Veterinary Authority）与DJ工程公司（DJ Engineering）进行了公私合营的研发活动，开发出一种低碳、水培的垂直耕种系统，随后该系统的衍生产品成为国家第一个商业垂直农场——天鲜农场私人有限公司(Sky Greens Pte Ltd)。新加坡90%的粮食是进口的，远未实现自给自足。垂直农业是一种可提高本地生产能力和加强粮食安全较新的途径。

为了使食品的进口来源多元化，新加坡不断与国际伙伴合作，签署新的进口协议。为了进一步提高抵御食物链中断的能力，新加坡还与国际合作伙伴制定了联合协议，在有丰饶腹地的国家内开拓食品区。其中一个例子（尽管偶尔有挑战）是位于中国吉林省的中新食品区，其土地面积1450平方公里，几乎是新加坡岛的两倍，用于生产水果、蔬菜和肉类以供应新加坡市场（Sino-Singapore Jilin Food Zone，2015）。为了增强粮食安全，新加坡通过一系列战略贸易和投资计划来规避自己农业用地短缺所带来的风险。

在海外开发工业园区是新加坡积累可出售房地产的另一个战

略领域。新加坡已与中国、印度、印度尼西亚和越南政府开展了联合项目。这些开发项目向世界展示新加坡对总体规划和房地产管理的专长，这方面的专业知识也正是联合项目中对方所希望引进的。当需要土地用于军事发展时（包括海洋空间和领空），新加坡会与其他国家达成双边协议，在领土外进行海外军事训练。此类国际军事联系对像新加坡这样的小国来说具有重要意义，弥补其用于军事训练和设施的土地短缺。

本书旨在通过四个领域单独的叙述来解开新加坡土地规划的范式。接下来的每一章将分别讨论土地规划中的一个关键领域：建筑环境（第 2 章）；住屋与交通运输（第 3 章）；经济与工业（第 4 章）；环境与水（第 5 章）。综合来看，这些篇章描述了各个方面的土地问题及其在新加坡的城市发展中所扮演的角色。每一章将针对单个领域的问题进行分析，而本书所想达到的最终目标是发掘这些关键领域共有的基本原则。这么做可以让我们回顾性地反思作为一个小岛国的优势和挑战，并阐明新加坡蓬勃发展的土地规划范式的优势。这些见解将在最后一章中结合新加坡即将发生的重大人口变化、技术发展和环境压力，做批判性的探索。这将揭示土地规划实际的复杂性：一方面它需要迎合新趋势的需求，另一方面亦需要提供更强的灵活性和创新性，以让新加坡能够勇敢地踏入下个世纪。

# 第 2 章

# 土地规划：塑造建筑环境

新加坡的土地规划体系以具有高度协调性、前瞻性和创新性为特征，旨在以可持续的实体开发方式实现最优发展。其土地规划过程有五项基本指导原则：长期规划、综合规划、有效实施、透明度和灵活性。为了更好地理解这些原则形成的原因，本章将回顾一些促使新加坡土地规划框架形成的历史事件。首先回顾新加坡初期作为英国贸易站存在的这段历史，以及殖民者对该岛的实体变革所产生的影响，随后探讨新加坡最终独立之前的重大历史动向。新加坡就是在这段时期设立了主要的政府机构，引入了现代主义规划理念，并实施了各种规划工具（如概念规划和总体规划）。

## 从殖民城镇规划到现代总体规划

新加坡的殖民史不仅体现在这座城市如今的实体结构之中，还融入了当代土地规划体系的行政程序之中。无论在城市中心还是市郊，都有源自殖民时代的单体楼或成片的建筑与现代化的高楼大厦毗邻而立。在长达 140 年的英帝国殖民统治时期（1819~1959 年），新加坡接纳了从规划到行政的种种西方理念和实践。实际上，在如今的新加坡，管辖官方土地规划和开发活动的法律结构，追根溯源，正是来自英国普通法（English common law）。这些殖民时代的规划传统通过三种独特的方式在新加坡的土地规划框架和建成环境中留下了印记：市区规划、城市形态和历史街区、现代总体规划。

## 市区规划（1822~1823 年新加坡市区规划）

新加坡位于南海最南端，地处如今被称为“新加坡海峡”的深水航道。早在文献所记录的新加坡“开埠者”托马斯·斯坦福·莱佛士爵士（Sir Thomas Stamford Raffles）于 1819 年登陆前，周边的平静水道长期以来就被古代航海者当作贸易通道。莱佛士当时担任明古连（Bencoolen）总督，是英国东印度公司（British East India Company，EIC）的雇员。东印度公司成立于 1600 年，致力于在印度和东南亚新开发的市场开拓贸易，从而巩固其在亚洲大陆南端的商业垄断地位。认识到新加坡的地理位置所蕴藏的商业潜力后，莱佛士决意在该岛建立贸易站，以扩大东印度公司在该区域的势力范围。

经过莱佛士的周旋协商，与柔佛 - 廖内帝国（Johor-Riau Empire）的两位当地统治者天猛公阿都拉曼（Temenggong Abdul Rahman）和苏丹胡申（Sultan Hussein Mohamed Shah）签订了《1819 年友好联盟条约》（1819 Singapore Treaty），借此授权东印度公司在新加坡岛建立贸易站。莱佛士任命威廉·法夸尔（William Farquhar）少将担任新加坡的首任驻扎官。他的职责是打造一座自由贸易港，并负责建立该岛早期的殖民定居点。在法夸尔任期最初的几年里，新加坡建立免关税港口的消息在该区域广为流传，转运港活动蓬勃发展，由此吸引了一大批移民和旅居者前来寻觅新的机遇——其中既有劳动阶层的苦工，也有一心创业的商人。随着年轻移居人口迅速增长，法夸尔在城镇规划上采取了务实政策，对社会秩序秉持开放的态度，与莱佛士为新加坡所构想的理想主义愿景背道而驰（Turnbull，2009）。

举例而言，法夸尔从商人那里得知，滨海的低洼沼泽地带不利于莱佛士最初的开发设想。对此，法夸尔主导在新加坡河（Singapore River）的北岸修建了众多房屋、货仓和住屋，而莱佛士原本将此地留作政府机构使用。此外，为了应对无法征税导致的财政短缺，法夸尔通过出售赌场执照，收获了用于公共工程的资金。除了赌博以外，诸如奴隶、鸦片和酒类贸易等其他有利可图的生意都得到了大肆发展。

1822 年，当莱佛士回到新加坡时，迎接他的是一座经济上生机勃勃的岛屿，但他却对此地颇为失望。因为在法夸尔的领导下，新建立的新加坡的社会和环境状况似乎出现了退化（Pearson，1969）。莱佛士试图纠正在他看来由法夸尔的政策法规所造成的不良规划和社会后果，两个委员会由此成立：土地分配委员会（Land Allotment Committee）负责为商业中心选址；市区规划委员会（Town Committee）负责土地的整体组织及各种活动和用途的空间分布。由于莱佛士与法夸尔在土地分配上观点迥异，再加上龃龉渐生，导致法夸尔于 1823 年被解职。同年，莱佛士指派菲利普 · 杰克逊（Philip Jackson）中尉为市区规划委员会提供协助，他完成了新加坡的第一份市区规划，标题为《新加坡市区规划》(Plan of the Town of Singapore）（图 2.1）。这份规划也称为《杰克逊规划》(Jackson Plan）或《莱佛士城市规划》(Raffles Town Plan)，为新加坡早期的城市发展提供了指导，这一阶段的发展覆盖从西部的直落亚逸（Telok Ayer）到东部的梧槽河（Rochor River）的南部沿岸区域。

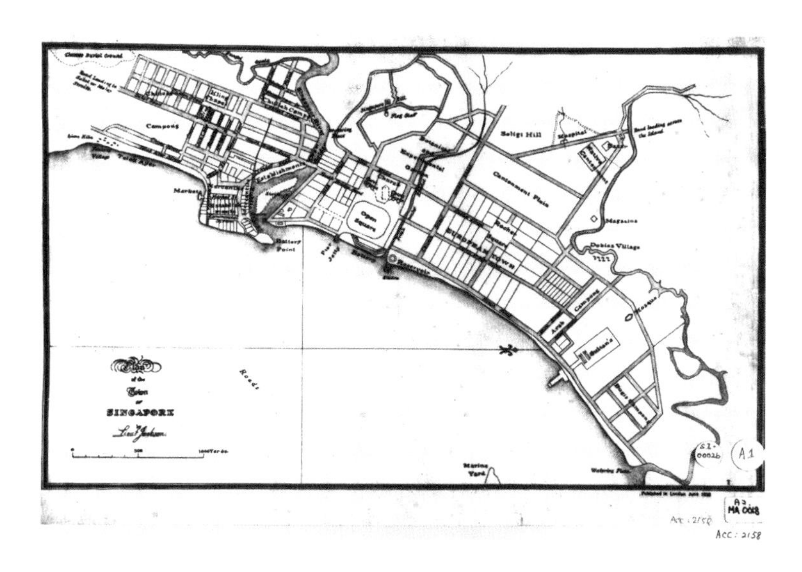


**图 2.1 《新加坡市区规划》(局部)(1822~1823 年)**
图片来源：Survey Department Singapore Collection，由新加坡国家档案馆提供。

这份市区规划体现了莱佛士对英属新加坡殖民地的最初构想，将人口和主要地带分割到专门的地理区域。例如，针对欧洲人、阿拉伯人、布吉人（Bugis）、华人和珠烈（Chulia）等族群的移居者，设立了各自的民族聚居区；该规划方案认为，按照种族（在某些情况下，还根据方言群进一步划分）进行居住划分，既可尽量减少社群之间和内部的冲突摩擦，又能简化多种族社会的行政管理（Dale，1999）。商贸活动聚集的商业中心选址在新加坡河西南岸边一处具有战略意义的位置 [ 如今的驳船码头（Boat Quay）]。此外，还划拨内陆的大片土地 [ 如今的福康宁公园（Fort Canning Park）] 满足未来的行政办公和运作用途，并通过一条绿地缓冲带与南部不断扩张的居住区分隔开来。

## 城市形态和历史街区方面的殖民遗产

在街道层面，该市区规划建立了网格式道路，主干道与海岸线平行，交叉横街垂直于主干道，这样形成了统一有序的城市格局用于交通和房屋建设。这些地块因此在尺寸上纵深长，横向短，促进了店屋模式在新加坡的发展。新加坡早期的店屋建筑是简单的两层楼房，并带有无装饰的外立面。顾名思义，店屋的功能就是在底层开设商铺，二层用作居住。

店屋两相毗邻，背对背而建，只有前端朝向街道。莱佛士提出的建筑指导方针规定在所有店屋的临街正面都要修建廊道 [ 或称为五脚基（five-foot-ways）]。廊道为行人遮挡热带的阳光和雨水，也使各种商户能在底层从事商业活动。

莱佛士的市区规划对城市形态的影响不仅限于街道布局和

建筑形式的细节，还延伸到更大的尺度，也就是长期聚集某类特殊活动或带有某个种族特色的较广大的区域。它们由此成为新加坡殖民和文化的遗产。牛车水（Chinatown）、小印度（Little India）、甘榜格南（Kampong Glam）、新加坡河、经禧（Cairnhill）和翡翠山（Emerald Hill）于 1989 年在公报上被列为保护区，它们不仅作为旅游景点具有可观的经济价值，更重要的是作为一段共同历史往事的象征而承载着社会意义。如今，这些保护区与钢筋水泥建成的高楼大厦毗邻而立，为市中心的城市肌理增添了多元性。

### 现代总体规划（《1955 年全岛初步规划》和《1958 年总体规划》）

凭借地理特征、自由贸易政策，以及在通讯和转运功能上的技术进步，新加坡经济迎来快速增长，吸引了大批移民，并推动其成为该区域最具国际性都市气质的城市之一。然而，人口过密、交通堵塞和恶劣的生活条件随之开始出现，尤其是在市中心的老旧街区。举例而言，牛车水的店屋原本是供一户家庭及其生意使用，但当时却由多个家庭将其分割同住在内。

殖民地政府意识到新加坡的城市状况因为人口剧增和规划不足而发生恶化后，试图通过出台《新加坡改善法令》（Singapore Improvement Ordinance，1952）来更好地管理城市的发展。

根据《新加坡改善法令》，早在 1927 年便设立的新加坡改良信托局（Singapore Improvement Trust，SIT）（另请参考第 3 章）在 1952 年受命开展覆盖全岛的详细调研，以便为将来的开发提供指导。这项为期三年的调研成果就是《1955 年全岛初步规划》（Preliminary Island Plan）。这份规划草案受到英国城镇规划原则影响，以管理渐进式发展为基础。该规划草案明确划定城市和农村的边界，指定市中心承担工业和经济活动，同时在周边划分出市郊居住社区。在土地利用强度方面，该规划草案肯定了低层建筑的合理性，因为当时在规划中认为高层和高密度开发会无意中提高建筑成本，且加剧交通堵塞。《1955 年全岛初步规划》随后在 1958 年获批，成为新加坡第一份法定的总体规划（图 2.2）。

《1958 年总体规划》预计人口规模将在 1972 年（即 14 年后）达 200 万，对全岛开发提出了全方位的蓝图。这份总体规划建议在裕廊、兀兰（Woodlands）和杨厝港（Yio Chu Kang）开发三处新的市镇。该规划还对市中心范围内的具体街区规定了允许的净居住密度。

但不久之后，政府便认识到相比新加坡在 20 世纪 60 年代最终取得的经济成就，《1958 年总体规划》采取的城市化和工业化设计路线还是太过保守（Huang, 2001）。随着公共住屋计划、旧城改造方案和工业区项目的推进，有必要编制一份更具战略眼光的土地利用规划，为新加坡全岛未来的开发提供指导。此外，也许更为重要的是对负责管理和执行各种国家建设计划的主要机构进行配置及协调。

## 新加坡土地规划的行政框架

20 世纪 60 年代是深思熟虑打造组织结构的时代。多个政府

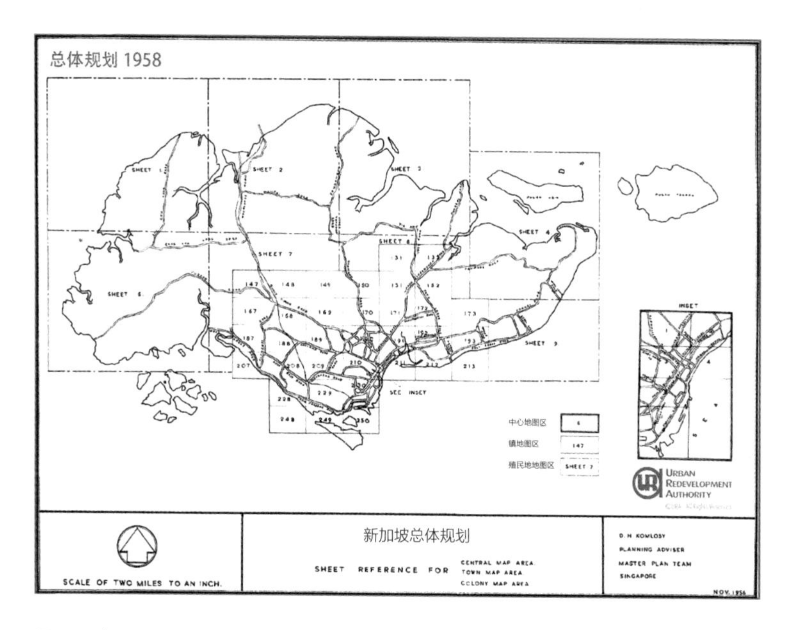


**图 2.2 《1958 年总体规划》**

图片来源：根据市区重建局提供的图片修改。

机构和法定机构就是在这个时期组建，各自拥有着自主制定和实施政策、法规和措施的能力，以帮助引导新加坡取得进步和实现现代化。

在土地规划和开发方面具有影响力的早期主要机构包括建屋发展局（Housing & Development Board，HDB）（1960 年）、经济发展局（Economic Development Board,EDB）（1961 年）、公共事务局（Public Utilities Board，PUB）（1963 年）和裕廊镇管理局（Jurong Town Corporation，JTC）（1968 年）。

建屋发展局于 1960 年成立，由林金山（Lim Kim San）和侯永昌（Howe Yoon Chong）担任首任主席和局长，负责建造供大众居住的公共住屋，解决住屋危机。在最初的五年，建屋发展局建成了近 55000 套公共住屋单位，使市中心最拥挤恶劣区域的居民得以搬迁。这也腾空了市中心的优越地段，意味着土地可以用于更高强度的开发，并具有更高的经济价值。为了充分释放市中心的开发潜力，1964 年在建屋发展局之下设立了市区重建组（Urban Renewal Unit）。设立仅两年后，该组进行扩充，并更名为市区重建署（Urban Renewal Department，URD）。1966~1974 年，市区重建署与建屋发展局推进国家的住屋计划，处理土地征收、土地清理，以及居民和业主搬迁的协调工作。

在此期间，《土地征用法令》（1967）和政府售地计划（Government Land Sales，GLS）（1967）在旧城改造方面发挥了重要作用。通过让私营部门参与土地招标出售流程，市中心优越地理位置的土地得以全面重新开发。1974 年，市区重建署提升为市区重建局（Urban Redevelopment Authority，URA），获得了自主权，并由早期在建屋发展局负责设立市区重建署的曹福昌（Alan Choe）担任首任局长。市区重建局在 1989 年与当时隶属于国家发展部的规划署（Planning Department）和研究统计处（Research and Statistics Unit）合并。

作为负责土地利用规划和土地保护的国家政府部门，市区重建局对管理和控制新加坡的土地开发担负着首要责任。土地开发的管理和控制根据概念规划和总体规划中阐述的意图和战略来执行。土地利用规划作为重要的高层级文件，为新加坡的实体开发提供了路线图。

## 概念规划：长期的土地利用蓝图

概念规划（Concept Plan）是针对未来土地开发和交通的长期空间战略规划，旨在为未来 40~50 年的人口和经济增长提供支持。概念规划有助于确保为关键用途和出行走廊 [ 如地铁（MRT）线路和高速公路 ] 预留土地。新加坡的实体变革是由 1971 年、1991 年、2001 年和 2011 年连续四份经过修编的概念规划指导的。我们将通过审视概念规划每十年的进展，揭示推动新加坡实体变革的核心规划战略，并且更好地理解在各个十年占据主导地位的开发重点。

当发现《1958 年总体规划》不足时，概念规划的理念及流程于 20 世纪 60 年代引入新加坡，为长期规划奠定基础。随着后殖民时代的新加坡全力推进城市化、工业化和现代化进程，《1958 年总体规划》无法满足由此迅速带来的实际人口转变和用地需求。受新加坡政府邀请，由查尔斯 · 艾布拉姆斯（Charles Abrams）、神户进（Susumu Kobe）和奥托·科尼斯布格（Otto Koenigsberger）组成的联合国开发计划署专家组为用地规划提供指导。1963 年政府组建了一个工作组，与这些专家共同开展工作。该工作组包括建屋发展局（及当时的市区重建组）、规划署和公共工程局（Public Works Department）的道路与交通司。在接下来的四年里，该工作组开展了国家及城市规划项目（State and City Planning，SCP）调研，立足于在更长期的时间范围内确定新加坡的发展潜力。该调研的成果为《新加坡环状概念总蓝图》（Ring City Singapore）（也称为《1963 年科尼斯布格计划》），其中制定了多项空间战略（土地利用、道路网络和交通基础设施）来满足未来发展的需要（图 2.3）。该规划提议，若干个自给自足的居民市镇围绕中央集水区形成一个环形，并由道路系统相互联系并通往市中心的金融区。该规划于 1971 年演变为新加坡的第一个概念规划，为该岛注入了着眼于未来实体和空间开发的 DNA 结构。

《1971 年概念规划》的一个重要战略特征是“环与线”（ring and line）的城市化发展模式。“环”部分围绕中央集水区，沿线开发由公共住屋构成的高密度新市镇。每个新市镇的核心为一个“市镇中心”（town centre），为居民提供日常便利设施，并有公园和工业区配套，通过绿地走廊相互分隔。绿地走廊连接中央和西部集水区，由此形成公园和开放空间组成的网络。“线”部分

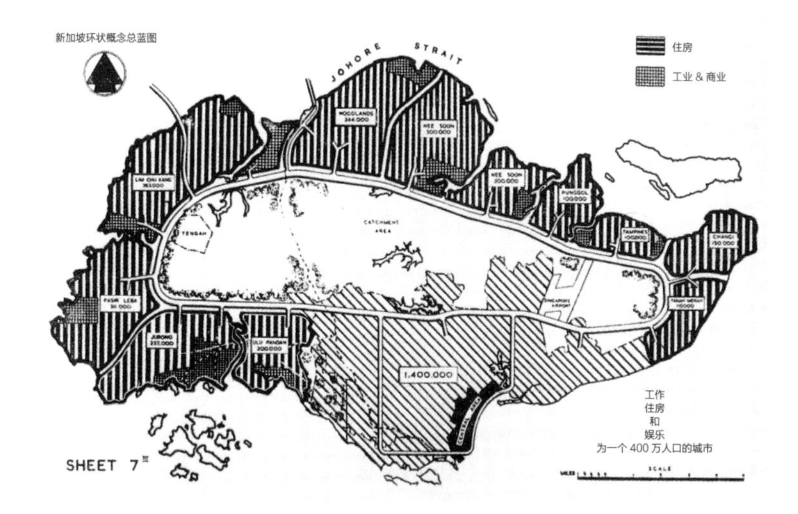


**图 2.3 《1963 年科尼斯布格计划》**
图片来源：根据市区重建局提供的图片修改。

从西部的裕廊工业区延伸到东部的樟宜机场，沿南部海岸形成一连串的高密度新市镇开发项目（图 2.4）。这些新市镇通过两条地铁线路连接，进而借此与市中心的新市镇建立联系。另外，还有一个高速公路系统覆盖全岛，进一步串连起各市镇开发项目和市中心。这种核心与周边的连通性存在三个战略意义：首先，居民从拥挤不堪的市中心搬迁到市郊的新市镇，有助于城市贫困人群享受到现代化的住屋条件（虽然这样做也破坏了既有的社会网络和社群联系）；其次，人口迁离市中心腾出了城市核心地段的优质土地，可供更高密度写字楼的开发及商业区改造，同时也可对环卫基础设施进行协调一致的环境改造；最后，随着商业和金融活动的扩张，市中心承担起新加坡主要就业中心的功能——并依赖居住在周边新市镇的劳动力。

到了 1985 年，在独立 20 年后，在国家建设方面，许多建国初期的紧迫需求和挑战都已得到解决，新加坡成为一座现代化的大都市。政府赢得了公众的信任，进而使规划者能够针对新加坡的未来打造更加宏大的愿景。在此背景下，在 1971 年的第一份概念规划发布 20 年后，市区重建局时任总规划师兼局长刘太格（Liu Thai Ker）及其团队推出了《1991 年概念规划》（图 2.5）。《打造卓越热带城市》（Towards a Tropical City of Excellence）的城市发展愿景旨在超越以往的成就。根据该愿景的诠释，未来的新加坡将是现代、经济强健、高效率、具有吸引力且多元的大都市。四个重点领域包括商业开发、交通联系、住屋品质和休闲娱乐（Urban Redevelopment Authority，1991）。

**图 2.4 《1971 年概念规划》**
图片来源：由市区重建局提供。

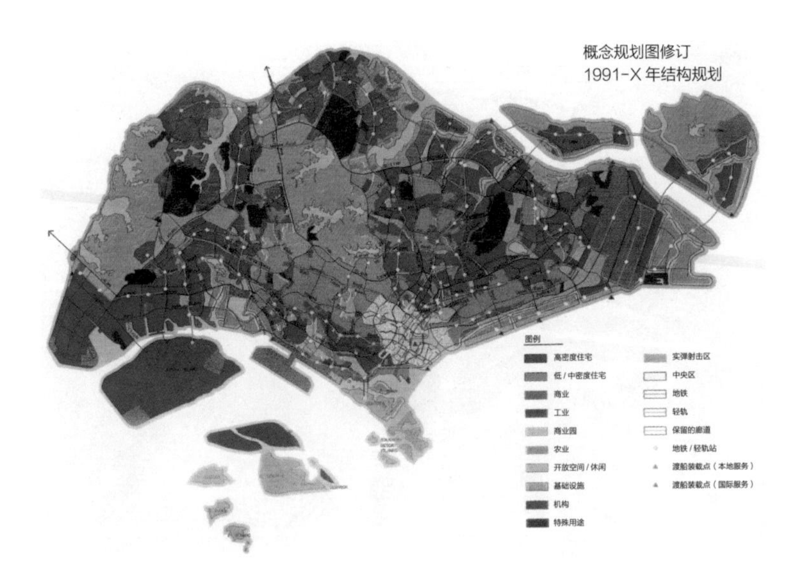


**图 2.5 《1991 年概念规划》**
图片来源：根据市区重建局提供的图片修改。

《打造卓越热带城市》预计居民人口会分三个阶段达到 550 万——2000 年、2010 年和 X 年（即 100 年的时间范围，按照租赁土地的租期为 99 年，并包含 15 年、30 年和 50 年的中期分期规划）——借此使新加坡顺利过渡到 21 世纪。[3] 至于中央商务区（CBD），滨海南的填海所得土地被规划为新的市中心区域，作为现有商务区的延伸。新的市中心区域的新增容量有助于满足经济增长的需求。沿北部和南部海岸，在商业园、学术机构、居民区和休闲空间附近引入新的“科技走廊”。

这些如今被称作“创新走廊”（innovation corridors）的设施的目的是通过学术和产业的协作提供更多选择，产生协同效应，创造就业岗位，以及培育创新，并帮助推动新加坡跻身发达国家行列。

《1991 年概念规划》还引入了以“区域性系统”（regional system）为基础的规划框架（Urban Redevelopment Authority，1991，11-12；Liu，1997）。区域性系统将全岛划分成五个区域——中央区域[4]、西部区域、北部区域、东北区域和东部区域，各自包含可供详细规划的更小区域（参考本章“发展指导规划”）。此外，区域性系统引入了“区域”（regional）、“次区域”（sub-regional）、“边缘”（fringe）和市镇中心的层级，为全面去中心化政策奠定了基础。《1991 年概念规划》制定的战略是将中央区域的功能和服务分散到市郊中心，借此保持新加坡的持续发展。市郊中心本身亦划分居住、商业和机构用途，可自给自足。

区域性中心总共有四个，其中裕廊东（Jurong East）、兀兰和淡滨尼（Tampines）区域性中心是《1991 年概念规划》

的去中心化政策的直接产物；位于实里达（Seletar）的第四个中心将在稍后实施。这些区域性中心是与交通基础设施结合在一起进行全面规划的，体现了土地利用和交通战略的整合。《1991年概念规划》实际上是一份倾向于交通运输的规划。该规划中的交通战略提出环形和辐射状的地铁线路，由高速公路网络给予补充，旨在缓解一部分涌入中央商务区的交通流量。

《1971 年概念规划》的“环状概念”（Ring Plan）在《1991年概念规划》中已发展成了“星群概念”（Constellation Plan）（图 2.6）。和居住在中央区域内或周边的居民一样，那些生活在区域性中心的居民一样可以享受到附近有就业机会、休闲和服务设施的好处。对此，《1991 年概念规划》的战略定向着眼于在区域性中心为商业和休闲创造发展机会，以落实“卓越热带城市”的愿景，进而减少通勤需求，改善交通流量并提升公共住屋的生活品质。

随着新加坡跨入新的千年，一系列截然不同的挑战接连出现，要求其在未来增长和发展的战略性规划中采取关键性转变。上一个千年的最后数十年开启的全球化在 21 世纪加快了步伐。人口刚刚超过 400 万的新加坡已跻身全球具有代表性的都市之列。对《1991 年概念规划》进行的审阅诞生了一份修订版的概念规划，在调整后覆盖了 40~50 年的时间范围，由市区重建局于 2001 年发布（图 2.7）。《2001 年概念规划》提出了“打造繁荣的 21 世纪世界级城市”（Towards a Thriving World Class City in the 21st Century）的愿景。国家发展集中于三个主要方面：全球商业枢纽、独具特色的认同，以及欣欣向荣的休闲娱乐（Urban

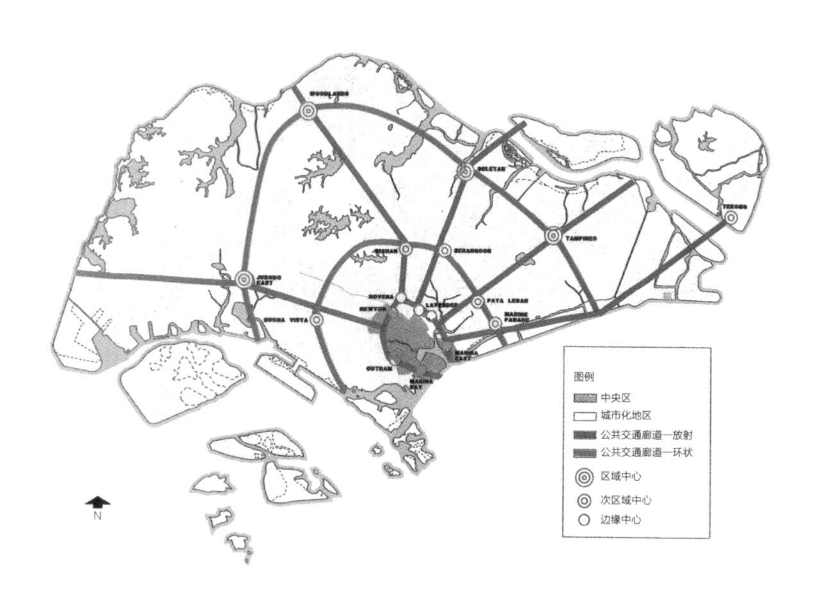


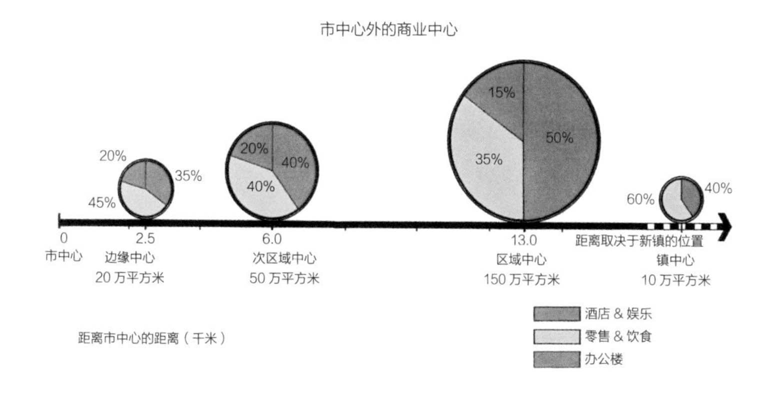


**图 2.6 “星群概念”**

结合商业中心发展和交通运输规划。

图片来源：根据市区重建局提供的图片修改。

**图 2.7 《2001 年概念规划》**
图片来源：根据市区重建局提供的图片修改。

Redevelopment Authority，2001)。此愿景立足于居民人口达 550 万的假设场景，旨在为新加坡未来 40~50 年的发展提供指导。

因此，《2001 年概念规划》提出了全新的战略，也通过强化先前的举措来鼓励更大的试验和创新，以实现使新加坡成为繁荣的世界级城市的愿景。例如，该规划引入了“白色”分区，旨在通过允许一栋建筑内有更多的使用功能从而加强灵活性（Urban Redevelopment Authority，2001)，这样的灵活性也有利于打造活跃的“工作 - 生活 - 娱乐”环境。而除了文物保护以外，《2001 年概念规划》所提出的战略也认识到了促进地方认同的社会和经济价值，这对于渴望跻身世界一流的“城市国家”来说尤其重要。因此，认同规划（identity plan）的理念从战略上被融合到更为详细的区域发展指导规划当中，对特定地方的重要社会经济维度和文化符号给予确认、映现和强化。这些及其他“软件”战略融汇在《2001 年概念规划》中，致力于将新加坡塑造为全球性城市。

新加坡的发展再次超越了规划者的预期。到 2010 年，该国人口已达 500 万——考虑到新加坡在 1965 年才成为独立的“城市国家”，且当时人口不足 200 万，这算得上一个历史性的里程碑。新加坡的发展速度不仅给土地利用带来独特的挑战，也为富有创新的城市规划创造了新的机遇。2011 年，新加坡在最近一次对概念规划的审查后发布了《2030 年土地利用规划》，其中提出了“为全体新加坡人打造高品质生活环境”（A High Quality Living Environment for All Singaporeans）的愿景（Urban Redevelopment Authority，2013)（图 2.8)。此愿景强调未来

**图 2.8 《2030 年土地利用规划》**
图片来源：根据市区重建局提供的图片修改。

15 年优先在发展和宜居之间达成平衡，为预计于 2030 年拥有 650 万到 690 万人口新加坡做好准备。此次概念规划修编还产生了由国家发展部编制的《土地利用规划》报告，并于 2013 年与《人口白皮书》一同发布。随着新加坡进入独立百年的下半程，无论是否是规划者，都会对《2030 年土地利用规划》带来的影响给予高度关注，尤其是那些见证了新加坡 50 年沧海桑田巨变的人们。

## 总体规划：透明、实施和土地回收

市区重建局主要通过四种工具和机制将概念规划转变为现实：土地利用总体规划、城市设计和街区保留指导方针、发展控制和政府售地计划。总体规划是土地利用控制的第一层；其目标是根据概念规划的土地利用战略，调节开发的模式和强度。通过规定详细的分区，并在适用的情况下为每个地块确立容积率，总体规划作为操作性文件，直接影响着新加坡 10~15 年的中期实体变革。

总体规划每隔五年进行修编和更新。这项系统性流程对于土地稀缺的新加坡来说至关重要。如果考虑欠妥，土地政策和实体开发可能会产生长期的影响。由于这一弱点，规划草案不仅必须要做到透明（也就是与政府利益相关方和公众进行磋商），此外还要通过一丝不苟的指导方针和控制实施。同样，指导方针和控制的透明对于参与落实总体规划的私营部门来说也至关重要。在此方面，一项最初的举措是 20 世纪 80 年代末到 90 年代市区重建局开展的发展指导规划（Development Guide Plan，DGP），当时私营部门受到邀请，为新邦（Simpang）和甘榜武吉士（Kampong Bugis）（1989）、樟宜和裕廊东（1991），以及南洋理工大学（NTU）和芽笼东（Geylang East）周边区域（1993）编制发展指导规划（Sim，1997）。私营部门编制的发展指导规划被拿来与市区重建局规划师们编制的规划一同进行审阅，然后产生了最终的规划。

通过这种严谨的做法，政府最终为新加坡五大区域进一步划分出的 55 个规划区域编制了详细的地方规划。按照《1991 年概念规划》中包含的土地用途和划拨量，每份发展指导规划对每个地块规定了具体的规划细节（如开发强度和建筑高度）。借此，这些发展指导规划帮助建立了更为透明的具体规划参数及规划决策所依托的原则。55 份发展指导规划于 1998 年完成，形成了《1998 年总体规划》。如今，总体规划的土地利用设想和强度是通过针对公私开发项目的指导方针和控制来进一步落实的。市区重建局的城市设计和保护指导方针及发展控制会在其网站上公布，并在这些指导方针和控制进行更新时发布通告。

城市设计和保护指导方针提供有关实现空间和美学目标的图解和书面陈述，此外还有对建筑环境的构想。这有助于确保开发项目提供并界定公共领域，并使其与周边环境和谐融合。发展控制列出了房地产开发项目的详细参数和允许条件，由此这些开发项目的建设和使用都会与总体规划所规定的分区、毛容积率和建筑高度控制一致。对于中央区域的重要位置，城市设计指导方针和发展控制是政府售地计划当中的重要组成部分。例如，在 20 世纪 70 年代前，卡佩芝路（Cuppage Road）所在的片区，建筑老旧腐朽，土地利用难以匹配。该片区位于乌节路（Orchard Road）购物带沿线的优越位置，在 20 世纪 70 年代根据政府售地计划启动了全面改造（Huo and Heng,2007,139）（图 2.9）。改造方案包括酒店、写字楼、商店和娱乐等多种具有互补性的用途。此外，该方案还对两排具有重要建筑意义和传承意义的马六甲风格排屋进行了住户搬迁和因地制宜的再利用。内街被改造成步行购物街，并融入更大规划范围的步行网络之中。

新加坡的土地开发虽然在住屋、交通和公园等公共计划方面由政府主导实施，但也通过政府售地计划，战略性地向私营部门开放。政府售地计划在借助房地产促进经济增长和使私营部门参与帮助实现总体规划这两个方面发挥了很重要的作用。在政府售地计划实施的前 12 年，仅在市中心就有 97 个地块出售用于写字楼开发，为中央商务区的实现做出了可观贡献。用于开发公共住屋和工业的国有土地与供私营开发的土地都有具体规定的租期。例如，对于居住和工业用途的租赁土地，前者的地契为 99 年，后者为 30 年。由于占用人的非永久持有，新加坡有限的土地储备得以进行“回收”和再开发，也就是收归国有，从而进行更长期的资源规划，以满足未来的需求。

土地开发的另一个方向是填海造地，通过此过程使土地延伸到现有的海岸线之外。在新加坡，填海造地是为确保子孙后代有充足土地而采取的规划措施，同时也旨在推动经济发展，以及在关键位置实施其他形式的开发。例如，珊顿道 - 尼诰大道（Shenton Way-Nicoll Highway）走廊东南的地块最早是在 20 世纪 60 年代实施填海形成的（其中一些区域甚至早在殖民

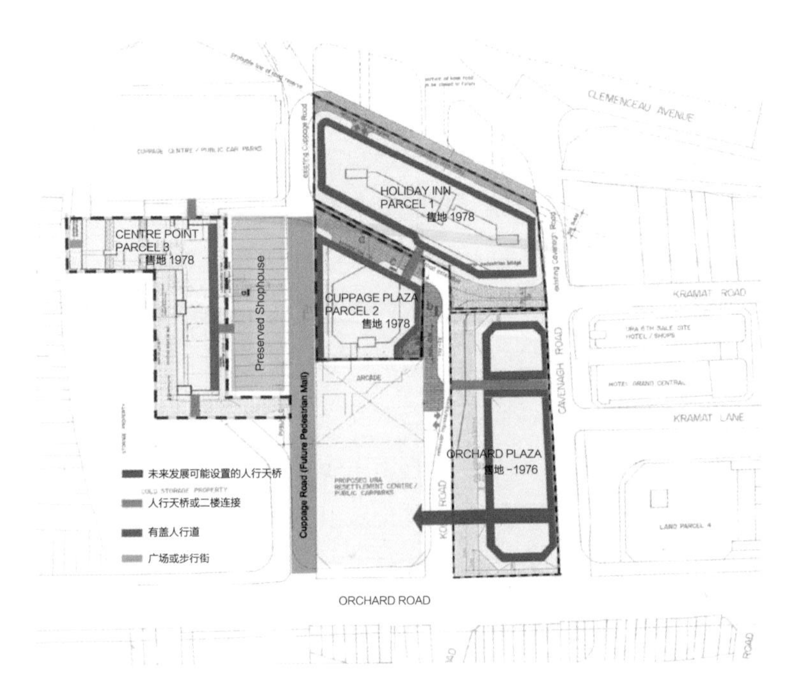


**图 2.9 卡佩芝路重建区和政府售地计划地段（包含城市设计指导方案）**

图片来源：由市区重建局提供。

时期就在填海）。过去数十年，在滨海湾（Marina Bay）周边通过填海形成了大量地块，实际上正是这些地块造就了滨海湾，而且在滨海南区有一处新的市中心正在成形。通过紧邻现有的中央商务区实施填海，使商务区得以不断地扩张延展，以满足经济增长的需求。依靠同样的战略，还连接 7 座小岛形成了规模庞大的裕廊岛，亦通过填海打造了用作商业、居住、休闲和公园空间的南部海岸线。同样重要的是在填海所得土地上修建的东海岸公园大道，此高速公路使樟宜机场和市中心有了无缝连接。与 1965 年建国初的土地面积相比，新加坡的国土实际增长了近四分之一的面积。

目前，新加坡超过 90% 的土地都归政府所有（Kim and Phang，2013）；在这种类似垄断的格局下，政府有能力推出直接关系到土地利用、供应和定价的法规和政策，从而对市场施加影响。此外，还可继续利用新加坡这个“城市实验室”——与私营部门、研究中心和高等教育机构协作，针对土地规划方法、流程和城市解决方案进行试验、测试和完善。

# 第3章

# 住屋与交通运输

新加坡的公共住屋发展不仅是岛上最明显的建设形式，作为新加坡 80% 以上居民的住所，它也成为国家地位与认同最为光荣的标志。自从建屋发展局于 1960 年成立以来，在连续 50 年间，新加坡的公共住屋计划对岛国的实体形态产生了极大的影响，同时也塑造了岛国人民的日常生活。一个城市的单一组成部分竟然能够跨出其作为居所的功能而在实质上成为现代新加坡的一个本土象征，同时又是衡量发展进程的一个指标，这实属非凡。在本章，我们先回顾历史，着眼于其关键转折点，借以了解当初新加坡国家公共住屋议程的起源，观其背后的诸多动机与考量。之后，在此历史背景下，本章以全景式的视角来概述新加坡公共住屋计划 50 年来的发展轨迹，从 6 个阶段定义新加坡公共住屋发展的格局模式。最后，本章着眼于新加坡在即近的未来将面临的两大趋势，即人口增长和人口老龄化的问题，同时也会探讨交通运输作为提升新市镇环境的宜居性和可持续性的一个主要战略。

## 为国民提供住屋的挑战

当今在新加坡岛上几乎任何一个高处放眼瞭望，岛国的公共住屋（组屋）区都会进入您的视野，使您难以想象住屋匮乏的年代。其实，历史记录显示，20 世纪初，当新加坡还是个年轻的殖民地时，它的人口增长速度已经很快赶超其住屋供应。在 1824 年，即莱佛士抵达新加坡后不久和《新加坡市区规划》拟定后的一年，记录显示当时的人口共有 10683 人（Department of Statistics，1973 in Teh，1975，2）。到 1921 年，新加坡的人口已增至 418358 人，大多聚集在市中心的范围内（Department of Statistics，1973 in Teh，1975，2）。相比之下，此数字是目前大巴窑（Toa Payoh）新镇人口 124940 的三倍有余（Department of Statistics，2015）。为了支持不断增长的港口与贸易活动，移民与劳动人口的不断引入已然成为必要。经济活动高度集中在市中心，因为此处能直接通达新加坡河。人口增长和经济活动等原因导致城市生活环境急速恶化。

**平民窟问题：威胁与危机**

以牛车水（华人聚居区）一带的店屋为例，原本为独户而建的房屋，在其上又加建了更多层使其面积扩大，后来又进一步分隔成多个较小的隔间，用于出租给新来的移民。这些“新客”大多是贫穷的单身汉。在缺乏隐私、照明不足，以及现代卫生设施根本不存在的情况下，这些店屋区过度拥挤的现象益加严重（图 3.1）。

然而，英殖民地政府却把住屋问题视为私人事务，而不把它当作是他们理应负起的责任。到了 20 世纪初叶，市中心眼看就要成为城市贫民窟，问题再也不能被忽视了。于是，在 1918 年，为了改善这些紧要问题，当局成立了一个住屋委员会（Housing Commission），负责评估市中心的情况和提出相关建议。该委员会的报告促进了新加坡改良信托局（Singapore Improvement Trust，SIT）的建立。正如本书前面所述，该机构于 1927 年开始运营。

在开始阶段，改良信托局在发展大规模综合性住屋方面所获

**图 3.1　大约 20 世纪 10 年代牛车水过度拥挤的店屋和日益恶化的城市环境**
图片来源：由新加坡国家档案馆提供。

得的授权有限。因此，它所能执行的任务大多是与道路、后巷、公共卫生和空地的普遍改善有关。但它有权为那些由于政府的改良措施而无家可归的人士提供临时的公共住屋。战前时期，随着人口持续且迅速的增长，殖民地政府在认识到住屋需求的紧迫性之后，便于 1932 年授权改良信托局兴建住屋。1932~1942 年，改良信托局一共建造了大约 2000 个住房单位和 50 间店屋。这包括罗弄柠檬（Lorong Limau）供手工业工人用的居所和中峇鲁（Tiong Bahru）的公共住屋区。中峇鲁的部分房屋保存至今（Teh，1975）。然而不幸的是，新住屋的供应在第二次世界大战期间惨遭中断，战争亦导致当时的房屋与家园遭受破坏。

第二次世界大战后，随着新的移民潮涌入和较早的移民定居下来，新加坡经历了一场人口大膨胀。尽管越来越拥挤的店屋或许还足以应付单身租户之需，但对不断增加的新家庭来讲，这种安排绝对不是一种理想的或良好的办法。有些人被迫选择到市中心边缘地带的非法棚户区，利用废弃的材料建起自己的居所。为了解决住屋危机，改良信托局在 1947~1959 年加快了它的建屋步伐，兴建了 21000 个住房单位。然而，这显然不足以安置 1959 年即已增长至 160 万的人口（Teh，1975）。

1959 年也正是新加坡成为自治邦的那一年，人民行动党在大选中获胜并组织新政府。执政伊始，新政府就成立了建屋发展局，试图解决房屋危机。建屋发展局被赋予法律与运作权力，借以开展和管理公共住屋项目，并进行开发和市区重建工作。改良信托局于 1959 年解散，建屋发展局则于 1960 年取而代之。而后兴建住屋、重新安置居民，以及市区重建等互为关联的工作都集中由建屋发展局承担，促使公共住屋和私营部门在开发地段上有效地协调和执行。建屋发展局肩负的任务是完成一系列的五年建屋计划（Five Year Building Programmes），这些计划设定的目标是以每五年为一个周期建设若干单位的住屋。

直至 1974 年，即第三个建屋计划完成之前的一年，建屋发展局已建造了将近 185500 个住房单位，为 40% 的国人提供了住屋。尽管建屋发展局成功完成了其核心任务，快速地提供了数量可观的住房，甚至还超过了既定目标，但建屋发展局在成立之初也面临诸多艰巨的挑战。

## 甘榜火患、城市重建与重新安置

棚户区里密密麻麻的未经授权的亚答和木材结构房屋使居民经常面临火灾的风险。1958~1961 年，在芽笼的甘榜韭菜（Kampong Koo Chye）（1958 年）、甘榜中峇鲁（1959 年）与河水山（Bukit Ho Swee）（1961 年）发生了三次灾难性大火，导致数以千计的人无家可归（图 3.2）。这三场灾难发生之后，有约 22000 人被安置到别的居所。然而，数以万计的人仍然居住在拥挤不堪的贫民窟和人员密集的店屋里。1961 年，仅在牛车水一带就住着 250000 寮屋（squatters）居民和 400000 店屋居民（总数为新加坡当时 170 万人口的三分之一）。[5]

建屋发展局为了清除贫民窟，改善基础设施和进行大规模重建，就必须征用大面积土地。受到河水山大火的驱使，1961 年火灾地块土地征用法令（1961 fire-site provision）让政府得以征用那些因自然灾害或其他原因造成居民被清走的贫民窟地块。

**图 3.2　1961 年河水山大火导致数千人无家可归**
图片来源：新加坡信息及艺术部（Ministry of Information and the Arts Collection），由新加坡国家档案馆提供。

1964 年的《前滩（修正）法令》赋予政府权力征用滨海土地作为填海和开发用途。然而，在密集的中央区域，征用土地的过程面临重重挑战。中央区城市规划的殖民遗留体现在街区上，街区被分成许多较小的地块，由多个业主拥有。在这种情形下，把土地聚合起来进行公共住屋发展或其他的市区重建成为一个繁杂且费时的过程，因为必须与每个地块的业主进行商议后才可达成协议。1949 年，国家仅拥有新加坡 31% 的土地（Dale，1999；Motha and Yuen，1999）。1967 年《土地征用法令》颁布后，建屋发展局才在择定时间征用与释放土地供公共住屋发展、城市重建和其他相关的发展项目，以及在统筹规划上得到比较大的控管额度。该法令在提高程序效率和降低因不必要的延误所导致的成本这两方面作出了一定的贡献（Tan，1975，16；Teh，1975，187）。

当建屋发展局于 20 世纪 60 年代开启建屋计划时，预计只有 9% 的居民人口居住在组屋。如今，建屋发展局已经兴建了超过 110 万个组屋单位，共容纳了 82% 的居民人口（Housing & Development Board，2014/2015）。组屋居民中，住房自有率超过 90%（Housing & Development Board，2016）。

## 新市镇模式的转变

现代新加坡公共住屋与全方位市镇发展的进化可以分为 6 个明显的阶段（或时代），这是由当时特定的国家议程及具备影响力的城市规划与设计范例塑造而成的。此轨迹的最初阶段可以追溯到 20 世纪 40 年代。当时英殖民地政府将卫星镇的规划理念引入新加坡。该理念的设想取自战后重建伦敦的构思，即将居民与就业机会从拥挤的城市中心外移至事先经过充分规划的小镇及郊区。改良信托局于 1947 年设立的住屋委员会建议兴建自足的卫星镇。于是，改良信托局于 1952 年在启动女皇镇（Queenstown）的规划与发展工作时大致上采用了卫星镇的模式（图 3.3）。女皇镇位于一块面积为 285 公顷的前沼泽地，原散布着一些农村。改良信托局意图把它转变成一个高密度住宅区，划分为 5 个邻里社区和一个市镇中心，同时可容纳从中央区的贫民窟和棚户区迁移过来的 50000 名居民。

改良信托局于 1959 年解散时，女皇镇规划的 5 个邻里社区当中只有一个 [ 即玛格列公主住宅区（Princess Margaret Estate）]（图 3.4）竣工。作为继承该项目的机构，建屋发展局强化了女皇镇的发展计划，把它作为其首个五年建屋计划的一部分，并决定把人口目标提升到 150000，以更有效地解决房屋短缺问题。当时的首要任务是建造现代化的大众化住屋，并尽可能在最短的时间内以最经济的手段创建尽可能多的住宅单位。值得注意的是，女皇镇本身并不以全方位规划的卫星镇起始，倒是由 7 个邻里聚落演变为一个联合集群（每个邻里有 5000 个居住单位，在消费上支持一系列商店与市场），再加上后来才建设的商业化市镇中心（Wong and Yeh，1985）。女皇镇 7 个邻里社区中的最后一个在 20 世纪 70 年代中期建设完毕。这样，从该住宅区的起始到计划的完全实施，一共横跨了整整 20 个年头（Low，2007）。

就在女皇镇进行施工的时候，建屋发展局也步入其第二个五

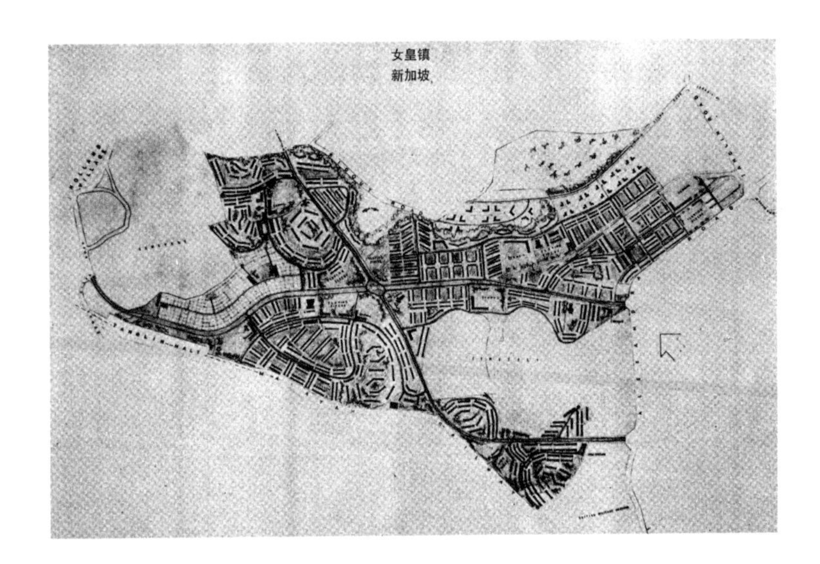


**图 3.3　女皇镇发展提案**
图片来源：由建屋发展局提供。

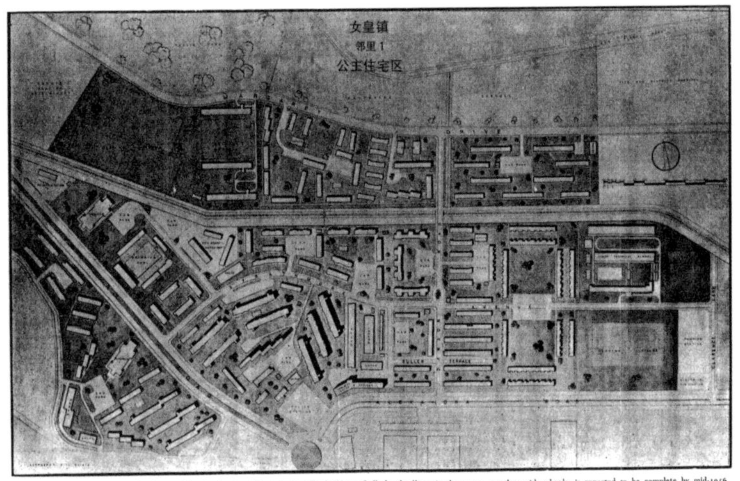


**图 3.4　公主住宅区（后来改名为玛格烈公主住宅区）平面布置图**
女皇镇的第一个邻里社区发展项目。图片来源：由建屋发展局提供。

年建屋计划，即从 1965 年开始建设大巴窑卫星镇。在一块 463 公顷的前农地上，大巴窑在规划者的构思里被定位为女皇镇的一个改进的升级版。在同一时期，于 1967 年，一个全岛性的城市分散发展战略浮出水面。这个构想由联合国开发计划署的咨询专家提出，建议把新加坡建设成为一个“环状城市”。

整套计划的构想涉及建设 36000 个居住单位，并以容纳 170000 至 190000 人为目标，大巴窑至此成为发展“邻里原理”（neighbourhood principle）的一个试验性项目。大巴窑将涵盖 4 个邻里社区，并以此环绕一个占地 45 英亩（约 18 公顷）的市镇中心；每个邻里社区将拥有各自的市场、购物中心、社区设施和学校（图 3.5）。在每个邻里内，当局决定圈定部分地段为轻工业用地，借以为约 16% 的居民制造就业机会（Housing & Development Board，1972）。在市镇中心范围内，不同高度的建筑物（从 4 层楼 ~25 层楼）按设计都建在与街道保持一定距离的位置，以便让出开放空间用作景观广场（这些景观广场由内部的一个步行商业街连接，形成了由沿街商业界定的开放空间系统）。市镇中心内还在适当的位置设立一个巴士转换站，连接到全岛的道路网络。

从 1967 年的《新加坡环状概念总蓝图》演进到《1971 年概念规划》，清晰地体现出一个“环状”愿景，涵盖了由高速公路基础设施串连起来的一系列高密度新市镇，再加上沿着南部海岸的一条“线形”发展地带，便组成了从岛的东部一直伸展到西部的大格局。《1971 年概念规划》也提出了一套综合交通网络，包括一个可以让住在边缘区域的居民通往中央区域就业的地

**图 3.5　大巴窑发展项目的“邻里原理”意味着该市镇拥有一个市镇中心，并且每个邻里社区都拥有自己的邻里中心、市场、学校和其他便利设施**

图片来源：由王才强提供。

铁系统（详见图 2.4）。有了该计划，政府便可以着手进行土地的配置用于未来发展公共住屋及各种支持性服务。与此同时，亦可以通过一套全方位、系统化、协调有致和规范化的方法，尽快启动市镇发展，并采用标准的土地利用和密度参数。在第二阶段的房地产开发中，一个典型的新市镇一般会包含 40000 个住房单位，总人口可达约 200000 人；分成较小的邻里社区，各含 4000~6000 个单位，而创造的工作岗位则达 35000~40000 个（Housing & Development Board，1979/1980）。第二代发展的市镇包括 1973 年开发的宏茂桥（Ang Mo Kio）和勿洛（Bedok），以及 1974 年开发的金文泰（Clementi）。

至此阶段，建屋发展局已经完成了好几个大型的公共住屋区，从此有更大的信心与更高的效率去复制新市镇的样板模式。正是在第二阶段开发的后期（20 世纪 70 年代晚期），“组团”（precinct）概念浮上水面，作为邻里原理的一个分支组成部分。以 600~1000 个居住单位计，组团所占土地面积较小。由于居民人数较少，可形成更亲密的邻里关系，促进交流与互动，达到加深居民社区归属感的目的（Housing & Development Board，1978/1979）。于是，在 5 年的时间里（1976~1981 年），建屋发展局着手发展了 6 个新市镇 [ 义顺（Yishun）、后港（Hougang）、裕廊东、裕廊西、淡滨尼和武吉巴督（Bukit Batok）]，借以应对人们对公共住屋不断增长的需求。

随着这些新市镇一个接一个快速拔地而起，它们外观上的一成不变，以及公共住屋环境体现在城市天际线上的单调色彩越发明显。在 20 世纪 80 年代初期，第三阶段公共住屋开始重视精致化。

更多的注意力转向建筑模块的设计，如外形与风格，以及幢与幢之间理应保留的空间，划定作为社交互动和促进社区发展之用。建屋发展局在本阶段对组团的概念进行了改进，它被重新配置成一个“蜂窝状”（cellular arrangement）的布局，包含 3~4 幢或是 400~500 个居屋单位。这比起之前 600~1000 个单位的标准少了，而其目的是为了促进社交互动（见 Housing & Development Board，1982/1983 和 1983/1984）。

第四阶段新市镇开发与《1991 年概念规划》相互关联，即强化了“环状”开发的构想，建立一套综合性的地铁网络，并且导入区域（regional）、次区域（sub-regional）及边缘（fringe）中心的理念。区域和次区域中心是分别作为第二层与第三层就业集群来发挥作用，位于中央区域的外围地带。它们的主要功能是为紧邻这些区域中心的市镇提供服务。直到 20 世纪 90 年代后期，区域中心（如裕廊东、兀兰和淡滨尼）及次区域中心 [ 如大巴窑、碧山（Bishan）和马林百列 ] 都已发展至成熟，而且还把更多就业机会带到离家更近的地方。第四阶段建屋发展特别强调的不仅在于构想、选取和构建区域与次区域中心，而且是为了以最有效的方式综合交通、就业与建屋于一体，实现土地的优化利用。

虽然概念规划每十年必须修编一次，但是对于支撑建屋与交通的范式结构一般都会受到广泛的依附。《1991 年概念规划》是建立在 1971 年版本基础上的，它给随后的规划提供了一个清晰的愿景和连贯的指导原则，从而使城市增长与土地利用优化在未来几十年里具有战略连续性（参阅第 2 章）。今天，新加坡在中央区域以外的地点为商业、企业与工业发展开发新区域的同时，也在扩大现有的区域、次区域，以及边缘中心的机能（图 3.6）。

随着长期土地利用结构的形成，规划的注意力转向了对新市镇原型进行重新思考。第五阶段的房地产规划出现在 20 世纪 90 年代，当时适逢与城市规划相关的环境保护和可持续发展问题开始在海外和本地再次回到人们的视野里。在 1971 年的概念规划中首次提出的“公共交通导向发展”（transit-oriented development）模式，在 1991 年的版本中得到进一步强化。它主张在一个可连接到一套效率极高的公共交通网络的情况下，实行紧凑型、混合用途的土地利用方式，从而减低对私有汽车的依赖。1996 年，在提出“榜鹅 21”（Punggol 21）的发展概念时，是将它设想为新加坡东北部海岸边一个混合公共住屋和私人住宅的可持续发展的 21 世纪新典范市镇。

为“榜鹅 21”所制定的公共住屋计划展示了一种新的组团类别。它包含 1000~3000 个住屋单位，聚集在开放式公共绿地周围，而居民离最近的轻轨（Light Rail Transit，LRT）站不超过 300 米步行距离。这种当地的接驳服务最初在武吉班让（Bukit Panjang）推出，连通了市内与市际，还并入全岛地铁网络中。1997 年亚洲金融危机爆发后的数年间，“榜鹅 21”的开发进度放缓。但在 2007 年随着“榜鹅 21 Plus”计划的发布重整旗鼓，恢复生机。更新了的“榜鹅 21 Plus”利用该地区的海岸线和水路特征规划了休闲和娱乐活动空间。同时，它的几项试点性的公共住屋概念，如绿馨苑（Treelodge@Punggol）和榜鹅水滨台（Punggol Waterway Terraces）都获得了绿色建筑标志白金奖

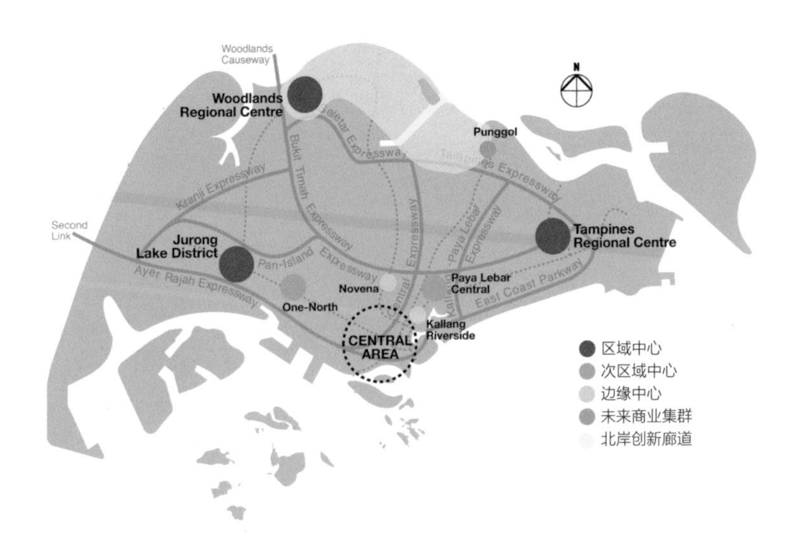


**图 3.6 《新加坡主要增长区域地图》**
图片来源：根据市区重建局提供的图片修改。

认证（Green Mark Platinum-certified），使榜鹅被定位为一个生态滨水市镇（图 3.7）。

与公共住屋建筑和设计相关的实验和革新一直在进行着，而这项努力催生出新加坡第六个（即当前的）房地产开发时代。2009 年竣工的达士岭（Pinnacle@Duxton）是个屡获殊荣的公共住屋项目。它矗立在一块 2.5 公顷的土地上，共有 1848 个居住单位。此项目共包含 7 座 50 层高的建筑物，被位于建筑物第 26 层的设置了休闲设施的天桥连接起来，并且在第 50 层还设有一处 500 米长的空中公共观景台和花园。毋庸置疑，这个项目把本地公共住屋的开发规范推向了空前的高度与密度。在设计构想中也特别关注到地面层，确保了住宅区与周围低层楼房的步行系统的连通性，从而连通了社区各种设施及外部商业，促进了社交与社区网络的形成。由于空中桥梁与观景台的设立，达士岭这个项目营造出一种崭新的城市生活，把公共领域里的街道纵向延展到空中，又横向扩展到更宽广的城市公共空间网络中（图 3.8，图 3.9）。

## 明日的新市镇与交通运输的重要性

随着时间的推移，经济力量、社会结构与环境问题的演变，公共住屋设计与城市规划即使不做出预期判断，也很有必要快速地进行一番调整，以适应这些变化。在公共住屋与新市镇准备面临今后的社会、经济与环境挑战之际，规划者需要考虑的关键问题有哪些？

图 3.7　榜鹅的绿化和水道充分体现了其生态滨水市镇特色
图片来源：由王才强提供。

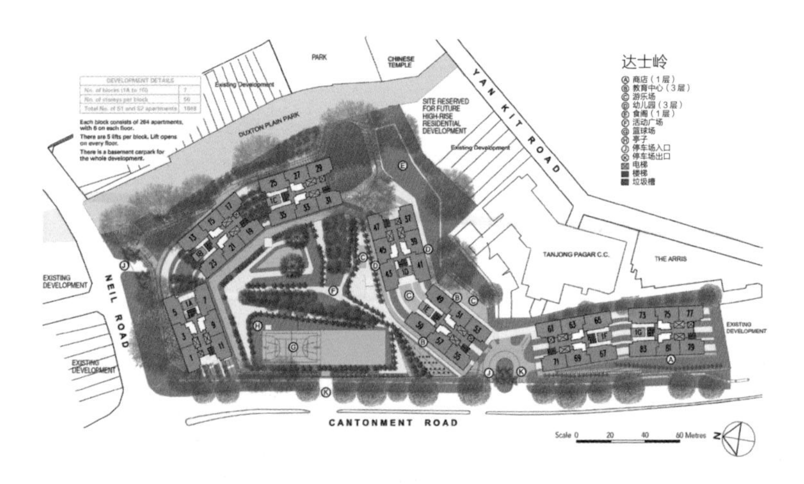


**图 3.8 《达士岭总平面图》（2013 年）**
图片来源：由建屋发展局提供。

**图 3.9　50 层高的达士岭是新加坡公共住屋史上重要的篇章**
图片来源：由王才强提供。

本节将讨论交通运输和新加坡自独立以来在优化交通与土地利用方面所进行的工作，同时也探讨在可预见的将来，公共住屋将如何被构想和规划。

## 通过综合土地利用规划促进可达性

通过良好的规划达到交通运输通畅有助于改善城市的宜居性与可持续性。新加坡的公共交通系统及其纵横交错的道路网络和高速公路网络在国际上经常被誉为高效率及高可达性的典范。然而，根据 1953 年进行的一项调查，当时新加坡的市中心高度拥挤，其个别街道地段居住环境密度竟高达“每平方英里超过 640000 人”（Neville，1969，53）。道路网络仅仅达到基本水平，同时也并不充足。交通拥挤的问题在 20 世纪 60 年代就已经很明显了，当时车辆的数量比 1961 年的 70000 辆增加了一倍以上，到 1970 年达到了 143000 辆。与此同时，公共道路建设又远远滞后于车辆的增幅；主干道路的总长度从 1960 年的 214 公里增长到 1970 年的 240 公里，仅仅增加了 26 公里（ESCAP，1986，147）。最终形成《1971 年概念规划》的早期初步规划都主张限制市中心的扩展，鼓励未来发展应该通过建立新市镇与城镇地区将人口从市中心分散出去。1971 年概念规划还建议提供三个主要的就业中心，分别为市中心及坐落在其南部的濒临港口的地区、西部的裕廊工业区，以及东北部的罗央（Loyang）、三巴旺（Sembawang）及兀兰工业区。该规划的中心要点是提供一个覆盖全岛的高速公路网络和地铁系统。

将人口分散到新市镇的工作是被快速且高效地完成的。

1959 年，仅 8.8% 的人口居住在改良信托局兴建的组屋中。到了 1990 年，住在本岛各处的建屋发展局组屋中的人口已经增至 88%，整整翻了十倍。与此同时，市中心的居民少了三分之一[6]，而总体上讲，新加坡的人口则增长了 16%。[7] 同时，通过努力，虽然市中心的就业总数没有下降，但所占的就业份额从 1972 年的 34% 下降至 1981 年的 26% 及 1988 年的 25%。

分散的人口和就业岗位两者之间产生的越来越大的不匹配导致更多人需要乘坐交通工具上班。尽管地铁系统的建设和运营担负起新加坡公共交通的脊梁，但是在 1987 年，以汽车（自驾与作为乘客）代步上班的人数却从 1980 年的 145000 人上升到了 1990 年的 247900 人。这也许是新加坡日渐繁荣富裕带来的后果。为了改善连通性和舒缓交通堵塞，国家在 1979 年启动了一项大规模造路计划。1979~1986 年，主要道路干线及高速公路从 308 公里增加到 535 公里，增长了 76%（Phang，1997，71-72）。然而，单凭基础设施本身的改进并不足够。政府引进交通管制的机制来抑制私人汽车数量并鼓励公共交通工具的使用。

一套按道路使用来计价的计划，即中央限制区执照（Area Licensing Scheme，ALS）于 1975 年应运而生，借以舒缓中央商务区高峰时段的拥挤现象。有了这项人工操作的道路计价计划，车辆在早上和傍晚繁忙时段进入中央商务区特定限制区域时必须支付一笔费用。自 1998 年开始，中央限制区执照计划被一项效率更高，而且兼具抑制作用的公路电子收费计划（Electronic Road Pricing，ERP）所取代。该计划通过对从高速公路进入中央商务区和在高峰时段进入中央商务区的车辆征收费用来抑制用车。[8] 此后，交通流量大幅度减少了 15% 到 35% 不等。与此同时，路税与汽车注册费也逐步增高。到了 1983 年，以占汽车市价的百分比计算的汽车注册费已经从 20 世纪 70 年代的 15% 提高到 175%。虽然严厉措施导致私人汽车数量暂时下跌（从 1973 年的 188000 辆到 1977 年的 135000 辆），但是此数量很快又增加了（1981 年增至 162000 辆，1994 年增至 295500 辆，2004 年增至 389300 辆，2013 年增至 540000 辆）。其他类别的车辆增幅更快。机动车的总数继续猛增，1994 年为 611600 辆，到了 2013 年竟大幅增至 974000 辆（Land Transport Authority，2015）。

鉴于此，除了基础设施及交通管制措施的改良优化之外，似乎还有必要改变本质上针对单一中心的《1971 年概念规划》，使新加坡成为一个多中心的城市范例，犹如 1991 年版中所提倡的那样。从新加坡土地面积的 12% 已经用作道路相关的基础设施来看，再进一步扩建陆路网络将是一桩不可持续的事。与其如此，不如推出新的总体发展蓝图和其他交通管理系统，借以优化利用现有的基础设施。

在 1990 年，政府实行了车辆限额制（Vehicle Quota System，VQS），目的是控制车辆数量的增长，限制新加坡的汽车数量。在此计划下，凡是要购买新车的人都必须通过每月一次（从 2002 年 4 月后改为两月一次）举行的公开竞标活动获得一张由车辆注册局颁发、有效期为 10 年的拥车证。例如，从 2015 年 5 月至 2016 年 4 月，新车（不包括出租车、公交车、货车与摩托车）的数量被限制在 1466 辆，或平均每月 122 辆

（Land Transport Authority，2016）。车辆的年增长率在 2009 年之前被限制在 3%，而自 2015 年 2 月以来则为 0.25%。

实施车辆限额制的基础是要提供一个既方便又有效率的公共交通与综合性交通运输系统，使人民没有必要拥有私人汽车。但是，人口在过去十年的大幅增长导致此系统到达极限，也使该制度面临新的挑战。2012 年，政府宣布了一个新的公交车服务改善计划，即到 2016 年，公交车数量将增加 20% 至 800 辆。接下来的一年，陆路交通管理局（Land Transport Authority，LTA）公布了《陆路交通发展总蓝图》（Land Transport Master Plan），并计划在 2030 年把地铁系统翻倍至 360 公里，从而实现使 80% 的新加坡人居住在离地铁站不到 10 分钟步行距离范围内的愿景。同时，总蓝图也建议构建一个全面贯通的自行车网络，即从目前的 230 公里增加至 700 公里以上。

在不远的未来，新加坡人口预计将于 2030 年增至 690 万（National Population and Talent Division，2013）。因此，将必须对现有的交通基础设施进行评估，以便更有效地应对人口增长所带来的需求。其实，人口密度增加可以改善移动性、连通性和可负担性，前提是需要更缜密的思考与谋划。例如，将人口密度分散到交通节点周围及交通廊道上，从土地利用优化的原则上看不但是符合常识的，还可以更有效地服务周边更多的居民（图 3.10）。除了人口的分布应该结合交通枢纽与交通线路一起考虑之外，规划者也必须通盘考虑整个移动系统。一套综合性的移动系统可以给使用者提供广泛的选择（从步行和骑车到各种公交车和地铁服务），互联互通并插入同一个网络，这样可获得更佳

**图 3.10　由地铁与轻轨网络服务的新市镇**

该图显示了叠印在底图上的现有的和拟议的地铁交通线路。

图片来源：《建屋发展局 2009/2010 年主要统计数字报告》，由林永天绘制。

的连通性（城郊与城内两方面）、更多的直通路线、更短的通勤时间（即通勤体验提升），以及可能较低的交通支出。

然而，交通运输并非单纯是基础设施的问题，还需要考虑居民的时间 - 空间行为，并与社会对新观念的接受度相关。就工作而言，中央商务区与中央区域长期以来一直是传统上的就业枢纽，因此有大量员工在同一个高峰时段在家与办公楼之间通勤，于是造成了道路与公共交通系统的拥挤。为了均化早晨搭乘地铁的人数及改变搭乘行为，陆路交通管理局推出了一项“免费搭乘地铁计划”，即凡是在工作日早晨 7 时 45 分前抵达任何一个指定的 18 个地铁站的乘客均可以享受免付车费的优待。此项措施自从 2013 年推出以来，已经使 7% 的乘客将他们的搭乘时间转移到高峰期前的时段，即早晨 7 时至 8 时（Land Transport Authority，2014）。近年来，也有越来越多的企业正式采用灵活工作制度。2014 年，兼职工作制占了所有提供灵活工作制企业的 36%，随后是灵活时间制（12%），接着是上下班时间错开制（11%），和电话工作制（5.8%）（Ministry of Manpower，2014）。未来的工作模式及工作时间将随着新加坡朝向知识型与创意密集型经济转变，加上信息和通信技术（ICT）的推进，而越来越有弹性。这将重新塑造工作的性质并进而改变人们上下班的方式。

至于人口老龄化问题，越来越多的老年人选择在法定退休年龄 62 岁以后继续保持经济活跃的生活。这种现象在政府于 2015 年宣布拟立法让年纪较大的工作人员再就业的年限从目前的 65 岁提高到 67 岁后尤为显著。老年人的共同点之一是其活动范围缩小了，越来越局限于当地及周边。在离家更近的地方创造就业机会不仅对老年人，而且对重新进入劳动力市场的自雇人士和妇女都很重要。将中央商务区的功能分散到市镇中心与邻里中心会使出行的距离缩短，而人们也因为可以步行、骑车或是乘公交车去上班而无形中减少了生态足迹，同时也能让老年人原居安老。尽管地铁将继续发挥其公共交通系统脊梁的作用，交通运输的规划仍需做出调整，以便应对不断增长的人口老龄化，因为他们比较喜欢乘坐公交车，并且有观景需求（对他们来说，有利于识别方向）。交通移动性可以通过共用工作空间（coworking space）、住家小规模生意模式（live-work schemes）（这样家庭可以利用住宅直接产生收入），和通过将与住所同一座或附近组屋的指定楼层出租做商业用途更进一步提升。有关的概念仍需进一步探讨和研究，以便将来用于新市镇的规划，使它们能更好地满足未来组屋居民与老年人的需求。

与使就业机会靠近人们居住地点这一策略相关的理念是通过规划和设计新市镇实现邻近性和步行性，缩短居民获得基本服务和到达便利设施的时间。20 世纪 80 年代以前，露天步行购物街（在像大巴窑那样的第一代市镇里仍存在）旨在重新营造出一种街头购物体验，像是记忆里在老店屋区常见的五脚基那种商业形式一样。街头购物也在第二代新市镇（如宏茂桥、勿洛和金文泰）中采用。但是，从 20 世纪 90 年代起，零售业开始改变。购物的方式和喜好发生了变化，人们，尤其是年轻一代，喜欢去有空调的现代化购物中心。于是，市镇中心[如碧山和巴西力（Pasir Ris）]开始设立购物商场，并将其与地铁系统和公交网络连通。

这个所谓“商场化”（mall-ing）的趋势在像盛港（Sengkang）和榜鹅这样较新的公共住屋区盛行，而较老旧的市镇（如金文泰、裕廊东及近来的勿洛）在邻里更新时也都将新建的购物商场和地铁站相连。

购物中心一般将服务和设施集中在单个私人拥有的大型商业（或商业加住宅）建筑中。这种对日常设施的空间配置（例如把熟食中心、便利店、诊所和药房布置到购物商场里）却可能给居民带来不便，原因是它降低了居住在距购物中心 400 米以外（大概步行 4~5 分钟）的居民步行的可行性。同时在成熟的市镇（如大巴窑、金文泰和勿洛），除了市镇中心的购物商场以外，还有各种服务和便利设施分布在邻里的商业集群中。这些较小的商业节点的服务圈及其服务人口一般比新市镇中单一“大块头”购物中心（或在某些情况下为数个购物中心）要广泛（图 3.11，图 3.12）。随着人口老龄化和购物习惯的改变，能够短距离步行到达邻里的基本服务和便利设施对于建立健康、可持续的社区将变得越来越重要。

## 未来规划必须考虑的事项

建屋发展局于 1960 年成立后启动了一系列雄心勃勃的计划，这些计划一方面旨在提高现代化房屋的供应量以应对迅速增长的人口，另一方面旨在安置那些受到重建计划影响的人口，让他们搬进新的家和社区，还要将征用来的土地加以积聚和清理，准备用于城市重建项目。随着一年又一年建设计划的完成，建屋发展

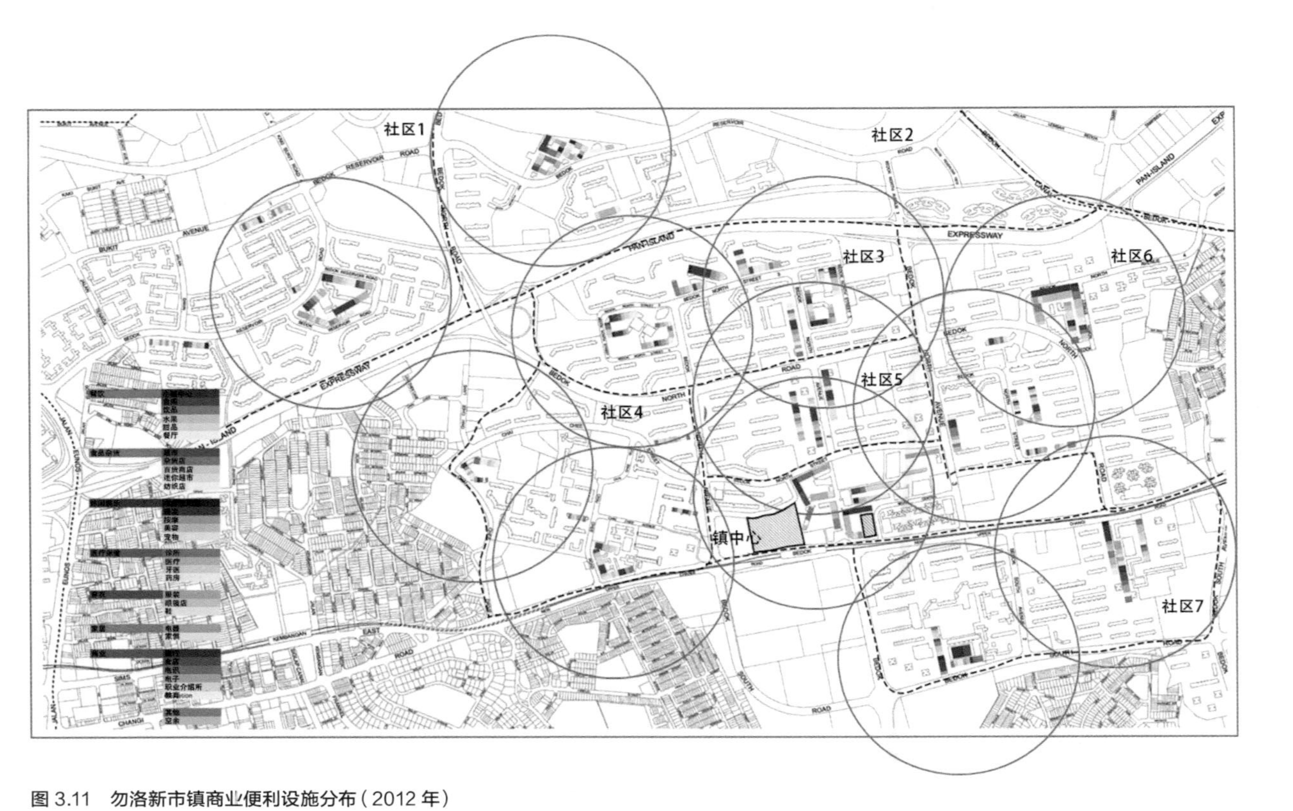


**图 3.11　勿洛新市镇商业便利设施分布（2012 年）**

该地图是在勿洛坊（Bedok Point）开业之后不久，勿洛购物商场还未开业时绘制的（参见阴影区域）。地图由孙宏宇基于调研绘制，用于她在新加坡国立大学的建筑学硕士论文（导师：王才强教授）。

勿洛新镇镇中心和社区日常服务店铺的数量 （2013年）

| 类别 | 日常服务 | 镇中心 | 社区1 | 社区2 | 社区3 | 社区4 | 社区5 | 社区6 | 社区7 | 总计 |
|---|---|---|---|---|---|---|---|---|---|---|
| 餐饮 | 小贩中心和市场 | 2 | 1 | 1 | 1 | 0 | 1 | 2 | 2 | 10 |
| | 咖啡店/美食广场 | 4 | 5 | 3 | 5 | 5 | 4 | 1 | 7 | 34 |
| | 饮品 | 2 | 2 | 4 | 2 | 3 | 3 | 6 | 5 | 27 |
| | 水果 | 0 | 5 | 1 | 4 | 3 | 3 | 3 | 7 | 26 |
| | 甜品 | 8 | 5 | 3 | 5 | 4 | 1 | 6 | 4 | 36 |
| | 餐厅 | 5 | 6 | 2 | 12 | 4 | 1 | 5 | 6 | 41 |
| 食品杂货 | 超市 | 4 | 1 | 2 | 2 | 1 | 0 | 2 | 2 | 14 |
| | 杂货店 | 2 | 2 | 1 | 4 | 2 | 0 | 2 | 4 | 17 |
| | 便利店 | 13 | 6 | 4 | 7 | 8 | 1 | 5 | 6 | 50 |
| | 迷你超市 | 2 | 15 | 3 | 8 | 7 | 2 | 7 | 6 | 50 |
| 生活方式 | 水疗生活馆 | 1 | 2 | 3 | 3 | 1 | 0 | 0 | 4 | 14 |
| | 理发 | 14 | 16 | 10 | 30 | 8 | 15 | 25 | 18 | 136 |
| | 按摩院 | 1 | 3 | 4 | 7 | 3 | 1 | 6 | 2 | 27 |
| | 美容护理 | 17 | 10 | 4 | 5 | 1 | 9 | 18 | 6 | 70 |
| | 宠物店 | 1 | 0 | 5 | 0 | 1 | 0 | 1 | 0 | 8 |
| 医疗保健 | 诊所/医疗 | 9 | 7 | 11 | 19 | 2 | 6 | 15 | 10 | 79 |
| | 牙科诊所 | 4 | 2 | 2 | 4 | 2 | 1 | 3 | 2 | 20 |
| | 药房/医馆 | 4 | 10 | 4 | 1 | 4 | 3 | 3 | 8 | 37 |
| 穿衣 | 服装店 | 19 | 8 | 3 | 7 | 1 | 3 | 3 | 10 | 54 |
| | 眼镜店 | 7 | 2 | 1 | 4 | 1 | 0 | 2 | 4 | 21 |
| | 鞋店 | 4 | 1 | 0 | 0 | 1 | 0 | 0 | 1 | 7 |
| | 配件店 | 11 | 2 | 1 | 4 | 0 | 0 | 1 | 3 | 22 |
| | 纺织店 | 3 | 0 | 0 | 1 | 1 | 0 | 0 | 1 | 6 |
| 家居 | 家用电器 | 5 | 3 | 3 | 1 | 1 | 0 | 8 | 2 | 23 |
| | 家具 | 2 | 6 | 5 | 6 | 4 | 3 | 14 | 3 | 43 |
| 商业 | 银行 | 8 | 3 | 2 | 4 | 4 | 1 | 4 | 7 | 33 |
| | 电信 | 8 | 1 | 0 | 2 | 3 | 0 | 0 | 5 | 19 |
| | 电子产品/手机 | 8 | 2 | 2 | 3 | 1 | 1 | 2 | 0 | 19 |
| | 职业介绍所 | 2 | 1 | 0 | 3 | 0 | 1 | 2 | 2 | 11 |
| | 教育中心 | 3 | 2 | 8 | 10 | 4 | 0 | 6 | 3 | 36 |
| | 其他 | 10 | 9 | 4 | 18 | 5 | 3 | 7 | 0 | 56 |
| | 空余 | 0 | 5 | 5 | 11 | 0 | 1 | 5 | 0 | 27 |

图 3.12　勿洛新镇商业设施供应的分类和列表（2013 年）
数据来源：孙宏宇为新加坡国立大学建筑学硕士论文进行的研究调查（导师：王才强教授）。

局取得了更大的信心，关注点也从追求数量转移到质量上。这促使它对制定新加坡新市镇模式进行更详尽的研究。

随着每个阶段的新市镇的发展，建屋发展局都会根据新加坡的社会、经济和环境条件的演变来拟定其政策和倡议。首先，1989 年推出的组屋种族融合政策（Ethnic Integration Policy，EIP），目的是要在住宅楼层面促成新加坡多种族社群的融合，从而在不同族群之间产生社交往来。

其次是建屋发展局的翻新计划，目的是改善组屋单位、住宅楼，以及组团这三个层面的生活环境。例如，家居改进计划（Home Improvement）、电梯翻新计划（Lift Upgrading），以及邻里更新计划（Neighbourhood Renewal）的目的就是要帮助屋主实施翻新工程，以便改善组屋的质量、建筑基础设施及整体生活环境。在更宏观的层面，建屋发展局的选择性整体重建计划（Selective En bloc Redevelopment Scheme，SERS）旨在通过对场地的全盘更新及将受影响的屋主重新安置在附近全新并带有 99 年新地契的住屋中，来振兴较老旧的组屋区。选择性整体重建计划还有一个重要的作用，那就是把年轻一代带入人口老龄化趋势明显的组屋区中。由此来看，新加坡的公共住屋不是一个“已完成”项目，而是一个一直在进行的大工程。就拿勿洛为例，它从 20 世纪 70 年代就开始发展，但至今仍不算是一个已经全部“建成”的新市镇。目前勿洛的人口数量及居住单位尚未达到最终为其设计的数字，所以还有空间做更长期的规划与增长。

在可预见的将来，有两个明显的趋势可能会导致公共住屋与新市镇在规划与设计方面的范例发生转变：人口增长和人口老龄化。人口密度的增加，加上与老龄化相关的生理脆弱性在出行方面既带来挑战，也是一种机遇。交通运输可严重影响生活质量。例如，当个人行动能力因年龄相关的并发症或效率欠佳的交通设施而减少时，个人的健康与福祉常常也会跟着下降。因此，在规划交通系统时，提升安全有效的移动性就成为关键的考虑因素。除了安全和效率，可达性（即靠近就业地点、各种服务，以及便利设施等）亦是土地利用政策中的重要关注点，也包括设计可步行的环境。

如果新加坡想要为未来打造充满活力、易于步行和宜居的新市镇，那么就必须探讨和研究如何在市镇中心和邻里中更好地分布日常便利设施。商业设施的类别和地点以及它们分布的方式和形式（是商场还是邻里商店，批量还是少量售卖与购买）都会影响日常生活必需品的价格。这对老年人和依赖储蓄或退休金的空巢老人尤为重要。新加坡未来的住屋问题可能和国家早期所面对的问题具有同样的挑战性，不过也会带来更多机遇，尤其考虑到我们当今已掌握的重塑公共住屋和新市镇概念所需要的知识、创新和资源。

# 第4章

# 经济与工业

本章简要地介绍 20 世纪 60 年代以来新加坡的经济战略和工业发展趋势；它们在建筑环境的转变和新加坡发展为高度发达国家的过程中扮演了重要角色。新加坡早期选择通过密集工业化方式发展其经济，取得了成果也同时受到质疑。裕廊工业区（Jurong Industrial Estate）项目正是例证，它是新加坡当时最大的工业枢纽及国家“工业化中心”。那段时期，新加坡经济从劳动密集型转为技能密集型。在随后的 20 世纪八九十年代，工业的资本和技术密集程度不断增加。21 世纪带来了众多截然不同的挑战和机遇，以至于必须通过全新的政策和知识密集型研发来推动由创新驱动的工业发展，借以强化新加坡在全球经济中的竞争优势。对此，本章侧重关注近期在工业用地规划方面的举措，并探讨与高等教育机构协作研发的作用，为未来的工业基础设施提供新颖的解决方案。

## 20 世纪 60 年代和 70 年代工业化进程

当新加坡于 1959 年取得自治时，数不胜数的严峻挑战使这个国家步履维艰。特别是在土地、技能和就业方面的捉襟见肘，更加降低了新加坡的生存概率。首先，为了支撑迅速增长的人口，必须有更多的土地存量用于满足国内的基础设施需求，诸如住屋、交通、工业、机构和便利设施。原来较广阔的天然腹地曾经通过供应原材料商品而推动了新加坡的贸易型经济发展，但随着这类土地让位于居住区，探索其他可行的出口来源也就成为必要。此外，新加坡国内市场规模较小，因而长期以来不得不与外部市场进行交易，借此来开发这个岛国的经济增长潜力。不同的是，这些外部市场现在必须扩大到英属殖民地以外；实际上，这种对外部市场经济伙伴的相互依赖本身也有其独特的优势和弱点。

其次，在殖民地时期，新加坡的人口构成中包含苦力和人力车夫等各行各业的劳动阶层。许多人选择在新加坡安家落户。家庭规模往往较大，子女需要协助完成家务事，并且在有能力外出工作时为家庭财务出力。因此，教育也被认为是新加坡走向经济繁荣的必要手段。

最后，失业状况严重，大批城市居民生活在贫民窟和棚户区。虽然有人为了谋求生计从事小贩、小商人和农民等职业，但此类职业往往是非正规的经济，缺乏监管或卫生和安全标准。新加坡独立后，英国驻军和具有专业知识的英国行政人员撤离，失业形势因此雪上加霜，一小部分在海外接受过培训的本地人肩负着指引新加坡未来经济发展的重任。

由于失业率高，同时熟练劳动力缺乏，内陆腹地也被快速的城市化不断蚕食，于是确立了三个优先发展的重点来刺激新加坡的经济：培养熟练劳动力、创造就业机会，以及吸引外国直接投资。1961 年，由财政部长吴庆瑞（Goh Keng Swee）发起的新加坡经济发展局（Economic Development Board，EDB）作为法定机构成立，由韩瑞生（Hon Sui Sen）担任首任主席。经济发展局最初的目标是为新加坡的工业化举措制定战略和进行协调，其中就包括发展和孵化有影响力的工业部门。

## 裕廊经历的磨难

为了提高新加坡的工业竞争力，经济发展局最先采取的重大举措是发展制造业，由此不仅能创造就业岗位，还能通过出口具有附加值的商品来促进经济。当时的裕廊还是新加坡西部遍布沼泽、渔村和农田的一片区域，它的地理位置被认为适合发展工业城镇。在计划中，当地还会建立居民社区，为钢铁厂、纺织厂、金属冶炼厂和辅助设施等一系列新的工业提供支持。更具体而言，裕廊毗邻西南沿岸的天然深水区域，有潜力建设可容纳大型远洋船的工业港，由此可培育与造船业相关的新经济领域。裕廊的计划面积达 5000 英亩（约 2023 公顷），预计成为新加坡最大的工业枢纽和“工业化中心”。开发裕廊工业区的总成本当时估算约为 4600 万新元（约 2.2 亿人民币），主要的基础设施工程包括为造船厂活动提供泊位和码头，以及一条连接新加坡北部工业地带和马来西亚的铁路线。[9]

1960 年，一组日本专家受新加坡政府的邀请，对裕廊开展一项全面性研究，并协助当时也在新加坡的联合国工业调研团队为工业区制定详细的实体规划。[10]1961 年 2 月，日本专家团的研究结束两个月后，起草了裕廊工业城（Jurong Industrial Town）的规划方案。该区域涵盖 18000 英亩（约 7284 公顷，即最初 5000 英亩的近 4 倍），其中 10000 英亩（约 4047 公顷）作为自然保护区和农业区，其余的 8000 英亩（约 3237 公顷）用于工业、居住、商业、公共服务设施及公园开发。[11]1961 年 10 月，经修订的规划图正式公布，以工业用途为重点，还兼顾了 10 年内满足大约 200000 居民的居住和商业用途。[12] 该规划确立了两个单独的居住区毗邻轻工业和公园用地，后者作为滨海的重工业和有毒工业的缓冲区。该计划还提出了新建道路的走向，并为临时住房、学校、政府建筑分配了用地。除了一个中心购物区，还设立了数个商业节点（图 4.1）。

大规模的土地准备工作和土木工程于 1961 年 9 月启动。一年后，国家钢铁厂（National Iron and Steel Mills）成为首个入驻裕廊工业城的企业。同一年，建屋发展局（HDB）在红山（Redhill）、东陵福（Tanglin Halt）、明地迷亚路（Bendemeer Road）和甘榜安拔（Kampong Ampat）开发了多个较小的工业区——这些工业区位于中心地带，并与现有人口和商业活动相连。这些小型工业区的面积为 7~42 英亩（约 3~17 公顷）[13]，接纳各种企业和工厂，尤其是那些因整合土地以用于开发时必须搬迁的中小型企业（图 4.2）。这些工业区很快便进入饱和状态；相比之下，满怀雄心的裕廊工业城项目在启动后的前几年的增长比预期低，未能迎来开门红。

在裕廊工业城，雇主们面临的主要挑战之一并不是工人短缺，而是工人不愿居住在工业城内。为此，企业不得不承担额外开支，为工人提供在工厂和市镇之间往返的日常交通服务。虽然规划有大约 200000 名居民，但裕廊工业城当时的发展非常缓慢——1965 年仅有 1600 名居民，许多已竣工的公共住屋、店屋和学校因此空置。[14] 缺乏休闲设施是工厂工人宁愿住在裕廊以外地区的主要原因。1967 年，成立一个裕廊管理机构作为让工人、雇主和政府提出改善区内生活的服务与设施建议的平台的设想诞生了。1968 年，裕廊镇管理局（Jurong Town Corporation，

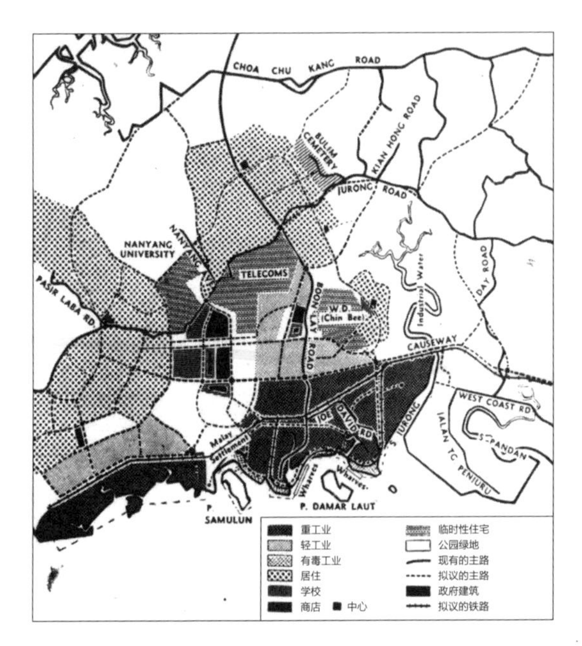


**图 4.1　修订后的裕廊工业城方案（1961 年 10 月）**
图片来源：由新加坡报业控股集团提供。

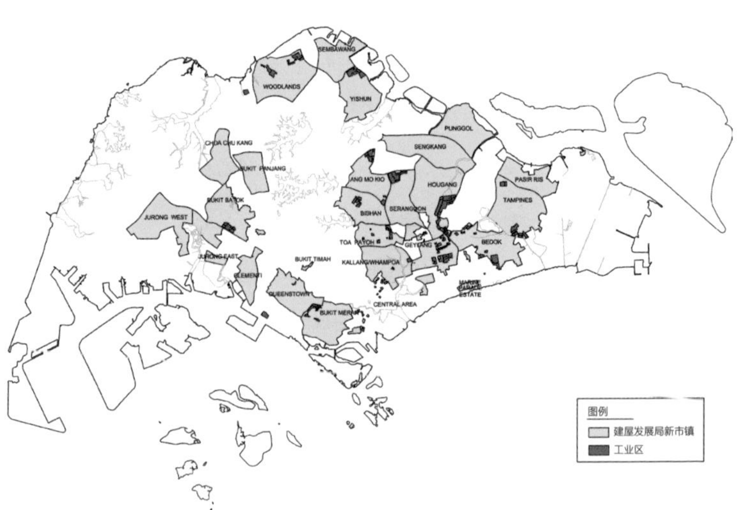


**图 4.2　建屋发展局围绕新市镇设立的工业区**
图片来源：根据建屋发展局提供的图片修改。

JTC）作为法定机构成立，负责推动裕廊工业城的发展，并着手规划、开发和管理新加坡的其他工业区，包括在那些有居住人口的地方提供休闲设施。

创立后不久，裕廊镇管理局公布了有关裕廊工业城的多项计划，提出将打造拥有公园和便利设施的“花园城镇”（Garden Town），借此为修订后（更保守）的 100000 名居民提升生活品质。其中一些开发项目包括市政厅、市镇中心、豪华公寓式组屋、日式和中式花园、设有瞭望塔的公园、人造瀑布和飞禽公园、电影院、私立医院以及体育中心。1972 年，在裕廊工业城启动 12 周年及裕廊镇管理局参与该项目的 3 年后，裕廊宣告成为“完全自给自足的城镇”，居民约有 32000 人，而且在该条新闻发布后的一个月内预计还有 50000 人迁入。[15] 到 20 世纪 70 年代初，新加坡的工业化计划已使该国经济彻底改头换面，这是通过为普通民众创造就业岗位、促进知识转让、创造高价值的基础设施资产，以及吸引外商直接投资实现的。

## 面向 21 世纪的经济转型

20 世纪 80 年代初，六七十年代实施的经济战略和工业发展举措已结出了累累硕果，使新加坡的生产力得到进一步提升。为了保持新加坡作为工业枢纽的竞争力，其经济也朝着资本和技术密集型的方向转变，包括金融、信息技术、电子产品和软件。然而，由于受到 1985 年经济衰退的重创，新加坡的经济增长势头很快放缓。

大量企业在此次萧条中倒闭，因此导致了大规模的裁员，失业率再度攀升，总体增长陷入紧缩状态。新加坡成立了一个经济委员会，负责评估该国的经济形势，并为新的政策方向和战略提供建议，以促进增长。在该委员会 1986 年的报告中，提出的主要概念之一是将新加坡定位为国际性的“总体性商业中心”（total business centre）（Ministry of Trade and Industry，2012）：从设计与开发，到企业服务或产品的营销与出口，新加坡将成为公司总部的首选之地。根据这个从制造业升级为全方位服务中心的巨大转变，市中心启动了大型办公楼和商业项目的重要规划举措，此外还有滨海湾和加冷盆地（Kallang Basin）城市滨水地带的开发计划。

20 世纪 90 年代，随着新加坡摆脱了经济衰退，多个主要领域便依托新一轮的全球化和现代工业化而兴起。这些领域促使新加坡经济转型为新的知识密集型经济，也使新加坡的研发能力得到了提升，此外，还更加注重创业精神、技术专长和创新。在规划层面，《1991 年概念规划》提出了在两条“科技走廊”及其沿线逐步开发高科技和研发项目的用地规划。这两条科技走廊覆盖了与学术和研究机构相邻的商业和科技集群，此外还有高品质的公共住屋和娱乐设施，使工作、家庭和娱乐实现协同整合（图 4.3）。作为工业用地开发的领导机构，裕廊镇管理局在促使用地规划从战略概念变为现实的过程中发挥了作用。考虑到知识密集型经济的新工业需求，它引入了商业园的概念。1990~2000 年，裕廊镇管理局在西部开发了裕廊国际商业园（Jurong International Business Park），在东部开发了

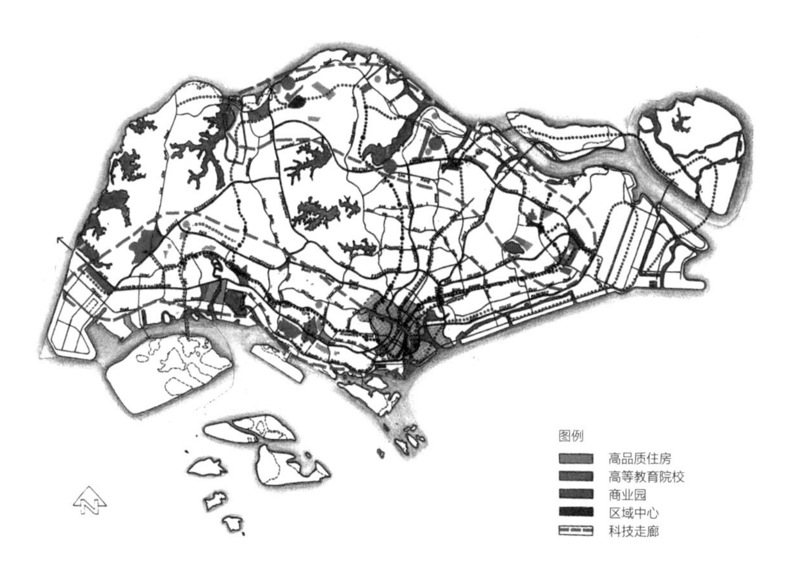


**图 4.3 《科技走廊概念规划》( 1991 年)**
图片来源：根据市区重建局提供的图片修改。

樟宜商业园（Changi Business Park），此外在最近十年，在纬壹科技城（one-north，紧邻新加坡国立大学）和洁净科技园（CleanTech Park，邻近南洋理工大学）开发了两个商业园项目。

## 商业园开发：推动知识型经济

商业园这一类型促使新加坡的工业面貌从数十年前常见的低密度多层式工厂，转变为由现代高楼大厦组成的高密度楼群。目前，商业园正在接纳越来越多的高科技工业，通过提供公园式的环境，依靠综合性设施为前端的制造业和后台的高端服务业提供一站式支持。这些轻工业包括数据中心、软件开发公司和研发企业。此外，相似或相关企业的紧密聚集也是一个规划战略，目的是为孵化并发展知识和创新营造协同环境。

新加坡科学园（Singapore Science Park）位于亚逸拉惹高速公路（Ayer Rajah Expressway）沿线的南部带状科技走廊范围内，是裕廊镇管理局在 20 世纪 80 年代末最先启动的工业园开发项目。该园建成超过 10 年，毫无生气的场地规划和景观设计使其备受批评。鉴于新加坡科学园的经验教训，裕廊镇管理局随后在开发新加坡首个国际商业园——占地 37 公顷的裕廊国际商业园时，采用了更加细致的开发方法。除了为景观工程投入 1200 万新元（约 5647 万人民币）的预算，还特别注重提供社交和商务便利设施。[16]

裕廊国际商业园于 1992 年建成。5 年后，裕廊镇管理局启动了占地 71 公顷的樟宜商业园。在这里，裕廊镇管理局实施了土地受控供应的方法，由企业在 60 年的租期内自行开发各类设施。此外，还面向潜在租户提供大量现成的设施，以供租赁。樟宜商业园也是针对商业园用途开展的土地优化的尝试。接近 80% 的建筑物将按 2.5 的容积率（按建筑物的总建筑面积除以建筑用地的土地面积计算）建设。相比之下，裕廊国际商业园仅有 50% 的开发项目达到了 2.5 的容积率，而新加坡科学园的容积率为 1.2~2。2001 年，在引入新的分区类别后，提高基准容积率的可能性增大，这意味着工业开发的用地强度在未来数年会达到前所未有的水平。

新的“白色”分区于 2001 年公布，并在《2003 年总体规划》中首次出现。这种分区允许场地以多种用途进行开发建设，从清洁工业、商业园和办公楼到教育机构、住房和商店（或者两种或更多用途的集合）。综合的“商业园”与“白色”分区，或称为“商业园白色分区”，为混合用途开发提供了机会，主要被用于商业园运作，同时为可允许的“白区”用途留出了指定的获准量。这些新的分区类别在占地 200 公顷的纬壹科技城得到应用。这个采用了总体规划的大型项目位于中央区域的边缘，旨在打造一个拥有混合用途、融合“工作 - 生活 - 学习 - 娱乐”的商业园。纬壹科技城的规划于 2001 年公布，随后推出的《2003 年总体规划》对大量的未开发地段采用了“白色”分区（已有用途的场地和为将来的学校、公园和商业建筑预留的场地除外）。“白色”地段随后会进行相应的再分区，并在必要的情况下体现最终的开发类型及其用途（图 4.4）。

“白色”地段经批准再分区为“商业园”和“商业园白色分

**图 4.4　纬壹科技城已批准的再分区和容积率修订内容**

《2003 年总体规划》（左）和《2014 年总体规划》（右）

图片来源：由市区重建局提供。

区”用途，也会按照相对较高的容积率进行开发。其中，启汇城（Fusionopolis）综合项目的两栋建筑物（一栋的分区为“商业园”，另一栋则是“商业园白色分区”）的容积率分别达到 7.5 和 10。考虑到纬壹科技城在设计上容纳知识和创意型工业（包括生命科学、信息通信技术、传媒和科技创业公司），因此在它的环境中汇集了研究设施和办公楼，以及酒店、购物和休闲设施（图 4.5）。

针对各工业领域的需要（某些情况下还要考虑如何将它们融入所在的生态环境内）做规划，需要灵活的用地分区参数和独创巧妙的开发设计方案。近年来，着眼于土地优化的设计思想造就了多种解决方案，诸如聚集和共置共享的便利设施和服务 [ 例如位于裕廊的 Space @ Tanjong Kling 和位于大士的岸外海事中心（Offshore Marine Centre in Tuas）]，还有建设高层高密度建筑（例如 Surface Engineering Hub @ Tanjong Kling 和 Medtech One @ Medtech Hub，两者均位于裕廊）。

## 工业用地解决方案与未来经济

新加坡在土地上的局限性意味着需要在可持续性和增长之间达成微妙的平衡。在工业用地规划和开发的创新方面，两个重点项目体现了“绿色”工业的潜力。作为裕廊镇管理局最新的商业园开发项目，洁净科技园代表着一个使用生态可持续的工业用地解决方案的新时代。这个占地 50 公顷的生态商业园采用综合设计，具有若干可促进环境可持续性的特征。例如，该开发项目的集成雨水管理系统，可使超过 60% 的雨水输向公园，作为非饮

**图 4.5　位于纬壹科技城的启汇城集群汇集了信息通信技术、传媒、物理科学和工程等工业**
图片来源：由裕廊镇管理局提供。

用水使用。此外，建筑物还加入了绿化解决方案，包括天棚、空中花园，还有通过降低热增量来提高能效的绿色多孔外立面。洁净科技园还接纳了旨在推进清洁技术（Clean Technology）创新的企业和研发活动（图 4.6）。

第二个重要的工业用地开发项目是裕廊岛地下储油库（Jurong Rock Caverns），通过使用地下空间来满足对液化烃储存的工业需求。该储存设施位于裕廊岛地下 150 米处,采取“即插即用”（plug and play）策略打造了一个综合性的供应链，以强化物流并为商业协作创造机会。该储存设施位于地下，相当于节省了 60 公顷土地，而这些土地可用于更高密度和更高附加值的活动。裕廊岛本身也成为有效提高用地效率的研究案例。在裕廊岛的建设中，7 处近海岛屿经过整合排涝，形成了一片专用于石化及辅助工业的区域。裕廊岛接下来的举措被称为“裕廊岛 2.0 版”，意图通过这个 2010 年公布的为期 10 年的总体规划加强其竞争力。

长期以来，新加坡致力于有策略地创造用于工业发展的土地和空间。为了确保新加坡工业的长期可持续性，有关土地和基础设施的新战略和尝试始终在创新驱动下处于最前沿的地位。地下、空域和海域的空间都是正在探索的领域。例如，在肯特岗公园（Kent Ridge Park）修建一座“地下科学城”的设想正在开展可行性研究，该设想打算开发地下空间用来修建研发设施及其辅助设施（图 4.7）。另一个正在探索地下空间替代用途的是“园区货物搬运系统”（Estate Goods Mover System），这个由众多隧道组成的自动化物流网络可在海港、机场、集中式配送中心和工

图 4.6 洁净科技园包含占地 5 公顷的裕廊生态园
图片来源：由 Ramboll Studio Dreiseitl 提供

业区之间运送货物。地面道路的交通负荷可能也会因此降低。在空域空间方面，目前正就“环境平台”概念开展研究，一些城市基础设施和建筑物将提升到地面上方，横跨道路和高速公路，这样可以无缝连接道路和高速公路两侧的建筑物和公共设施，同时这个宽阔的平台亦可承担居住、商业等多种功能。

研发活动可以优化新加坡的工业用地规划，为政策和投资决策提供参考，进而影响经济发展。研发在制定综合性、全国性的经济路线的过程中做出了重要贡献。因此，未来经济可为跨组织的研究协作创造新的机遇，从而有助于更好地优化和支持新加坡境内外的资源。

**图 4.7　地下科学城概念构思图**
图片来源：由裕廊镇管理局提供。

# 第 5 章

# 环境与水

18 世纪从西欧兴起的工业革命使整个世界发生了巨大变化。其中一部分变化包括人口增长、城市化、自然资源枯竭，以及空气、土地和水遭受污染。根据多项估算，如果每个人要达到欧洲或北美的平均生活水平，按照现状，支撑当前的全球人口需要 3.5 个地球（United Nations，2013）。实际上，自工业革命以来，过去 200 余年人类所从事活动的方式和节奏对环境而言是不可持续的，并且会对环境造成某些不可逆转的影响（例如荒漠化、动植物灭绝）。

作为体量较小的岛国，新加坡早在“可持续性”这一术语家喻户晓之前就不得不将可持续性原则纳入自身的发展计划。本章首先描述了大约 50 年前新加坡的主要环境状况，并简要介绍这个岛国在一代人的时间内从第三世界跃升到第一世界的过程中发挥了重要作用的主要政策和计划。其次，通过近期趋势以及为新加坡未来实体发展提供指导的战略性路线，本章对长期可持续发展的用地规划所存在的挑战和潜力进行审视。最后，就本土科技创新如何能帮助打造有效的应对全球性环境不确定性的解决方案，在建立城市韧性，尽量避免妥协并树立尽责治理原则方面提出观点。

## 从第三世界到第一世界

在英国住房委员会（British Housing Committee）1948 年发布的一份报告中，新加坡被称为“全球最恶劣的贫民窟之一”和“文明社会的耻辱”（Centre for Liveable Cities，2015，1）。

20 世纪 60 年代，新加坡在工业化、教育、卫生和生活标准等指标上还是发展中国家的水平。当时新加坡作为发展中国家的最鲜明表现或许是其不断恶化的实体环境。在政府看来，如果新加坡要吸引必要的外来投资以推动羽翼未丰的经济，就必须通过制定务实的政策对环境进行大刀阔斧的改善。在独立后的最初数十年间，高度重视三个重要的环境领域并采取具体的举措，使新加坡的环境状况得到了显著改善。这三个领域包括整治街道卫生、绿化土地和清理河流。

## 整治街道卫生

第二次世界大战后新加坡人口急剧增长，伴随而来的却是住房不足的问题，因此造成市中心遍布贫民窟和棚户区。不断增加的城市居民聚集在狭窄局促的街区内，不仅在公共安全方面成为隐患，对公共卫生的威胁也不容小觑。城市人口剧增，以悬挂式厕所为基础的旧式环卫系统和粪便清理服务也因此压力陡增。同样，农村区域缺乏有效的排污基础设施，因而也依赖于坑式厕所和粪便清理服务。与此同时，由于大面积失业，非正规的街头交易也非常泛滥。流动经营的食品小贩问题尤其严重，大批人群聚集在路边缺乏洁净水源和制冷设备不到位的地方，小贩在不卫生的条件下烹制和售卖易变质的食物，并将餐厨垃圾倾倒在明渠中。

当建屋发展局开始按照标准化组屋设计和施工开发新市镇时，先后出现了两项改善环境的举措。首先，贫民窟和棚户区的居民迁入安全且体面的住房，使政府得以将市中心每况愈下的街区改造成新的开发项目。其次，建屋发展局的组屋引进了现代化的卫生设备，每家每户都可享用供水和排污设施，后者将生活垃圾通过管道输送到集中处理设施。从 20 世纪 70 年代初开始，建屋发展局试点建设专门的小贩中心和市场（hawker centre and market），配有相应的排污管道、供水、电力、垃圾处理和基本设施，随后推广到新市镇内外的各地。小贩中心和市场旨在为街头的小商贩提供长期的经营场所。市区重建局和建屋发展局与小贩局（Hawkers Department）和工程服务局（Engineering Service Department）协力合作，帮助 31000 名街头商贩及非法商贩完成了搬迁。经过超过 15 年（直至 1986 年最后一名街头商贩搬迁）的整治，流动小贩通过全国性的安置计划完成了搬迁，这使街道拥挤、餐厨废物和垃圾堆积，及排水沟和河道的污水问题得到了缓解。

**绿化土地**

作为新加坡时任总理李光耀的一项遗产，“花园城市”（Garden City）的倡议使新加坡从贫民窟和残酷的“水泥森林”变成了绿树成荫的城市。绿化行动自 1963 年启动，每年都会安排植树计划，在前 3 年就新种植了超过 55000 株树（Public Works Department，1971，27）。道路和高速公路的路肩种植了可遮阴的大树冠树木。随着混凝土结构以挡土墙、天桥和立交桥的形式在城市景观中出现，匍匐植物和观叶植物被引入来遮挡或柔化此类结构粗糙的外观（Neo et al.，2012）。这样一来，绿化计划使街道的美观程度得到了提升，同时通过提供绿荫，尽可能减轻热岛效应，降低交通噪声和遏制粉尘污染，使城市化对环境的影响得到了缓和。部分道路旁种植了新树木，而有些道路旁种植的则是长成的树木，塑造了独具特色的道路景观。2001 年，国家公园局（NParks）启动了“历史街道计划”（Heritage Road Scheme），对重要的林木景观实施保护。此外，还通过“历史树木计划”（Heritage Tree Scheme）对具有历史、植物学和社会文化价值的重要树木予以保护。包括雅凯路（Arcadia Road）、快乐山路（Mount Pleasant Road）、万礼路（Mandai Road）、南波那维斯达路（South Buona Vista Road）和林厝港路（Lim Chu Kang Road）在内的 5 条道路于 2006 年在公报上被列为历史道路（National Parks Board，2016a）。截至 2016 年 5 月，《历史树木名录》列出了 256 株历史树木（National Parks Board，2016b）。

绿化计划的另一个重点是设立供娱乐休闲的公园和绿色空间。20 世纪 80 年代，绿化行动更有章法条理，针对建屋发展局营造的新市镇内外制定公园配置标准，以确保居民获得充足且公平分配的绿地（National Parks Board，2016b）。从区域和市镇公园到邻里和市区小型公园，不同类别和规模的公园层出不穷。这些公园配备了基本的便利设施，可满足居民游乐休闲的需要。实际上，随着新加坡步入繁荣，可支配收入的增长意味着对休闲娱乐方面产生新的诉求，环保意识也逐渐提升，这些促使公园在景观、设计、便利设施和多样化方面日臻完善。双溪布洛湿地保护区（Mandai Road Sungei Buloh Wetland Reserve）、仄爪哇湿地（Chek Jiwa Wetlands）、南部山脊（Southern

**图 5.1　自 2008 年开放以来，长达 10 公里的南部山脊已成为自然美景爱好者的频繁光顾之地，它连接着花柏山公园（Mount Faber Park）和拉柏多自然保护区（Labrador Nature Reserve）等地**

图片来源：由王才强提供。

Ridges)(图5.1)和滨海湾花园(Gardens by the Bay)展示了公园设计的复杂与多样。或许同样令人印象深刻的是逐步开发的公园连道网络(Park Connector Network，PCN)。通过改善和利用排水道和道路，这个网络最终将串联起新加坡整个公园体系，此外还有环岛绿道(Round Island Route)可为步行者和自行车使用者提供另一个交通网络。铁路廊道(Railway Corridor)的前身是马来亚铁路(Keretapi Tanah Melayu Railway Line)，这条长24公里的廊道从丹戎巴葛火车站(Tanjong Pagar Railway Station)一直延续到兀兰关卡(Woodlands Checkpoint)。该铁路廊道计划施工完成后将成为公园连道网络的重要组成部分。与此同时，公园绿地的配置和分布也在通过土地规划加以优化，使90%的居民步行400米以内即可到达一处公园。凭借50多年来坚持不懈的绿化努力，新加坡如今已成为名副其实的“花园城市”。虽然人口持续增长，但新加坡的绿化面积仍在逐年扩大。当人口为270万时，绿化面积占国土总面积的35.7%，这个数字在2012年人口达到530万时已增至40%。

## 清理河流

20世纪60年代，新加坡河两岸五花八门地聚集着舯舡(货船)、货仓、店屋商业、临时棚屋和熟食摊，等等。这些用途从殖民地时代就在该区域存在。由于缺乏有效的垃圾处理和环卫系统，这些活动产生和丢弃的漂浮物及排放的污水不可避免地污染了河流。在加冷河(Kallang River)的上游，棚户区、家庭手工业以及养鸭和养猪农场都在朝河道中大肆排污。新加坡河和加冷河的整个生态系统已成为彻头彻尾的污水坑，而且随着时间推移，河流中淤积的未经处理的废弃物增加了水传播疾病的危险。

1977 年启动了一场清理河流和恢复洁净水源的运动，目的是使新加坡河和加冷河成为可供公众使用的休闲娱乐空间。“十年清河，十年河清”的河流治理计划持续了 10 年，包括淘汰船只维修和建造、纺织品生产及养鸭和养猪农场等污染性产业；使受影响的住户迁离河岸（搬迁到建屋发展局组屋）；清理垃圾和驳船（小贩船）；疏浚河床；修缮和建造河堤。此运动涉及大规模的协调工作，牵动了 10 个政府部门和机构。它不仅是一项河流清理和管理行动，也相当于一次经济转型运动。清理完成后，驳船码头（Boat Quay）和克拉码头（Clarke Quay）获得了受保护资格，并且在河道区域开发了各种商店、办公楼、酒店和住宅。对河流的清理凸显了源头治污及建立单独的排水排污系统的重要性，由此才能保障水道清洁和抗洪。这为滨海堤坝（Marina Barrage）的建设及 2008 年修建滨海蓄水池（Marina Reservoir）奠定了基础，仅后者就可满足新加坡 10% 的用水需求，并减轻新加坡河下游的洪涝风险（PUB，2016a）。

## 环境基础设施：升级和开发

当新加坡的经济刚开始起步时，本地政府便大力投入环境基础设施的建设，这说明营造一个洁净且绿色的环境得到了高度重视。政府深信优良的环境不仅能提升人民的生活质量，还能为经济发展和未来增长提供支撑。在最需要资金的时候，政府还为此目的向世界银行贷款（Tan *et al.*，2016）。依靠这些贷款，新加坡在政府早年财政捉襟见肘的时候就着手建设关键的环境基础设施。尽管需要预先投入成本，但由此带来的收益和效益却是长期的。这种对营造高品质环境的重视在今天依然享有重要地位，尤其是人口快速增长且土地需求竞争激烈的最近十年。当前正在采取的举措旨在改善新加坡的基础设施，以应对环境挑战和抓住机遇。这些举措包括对“绿色”和“蓝色”基础设施进行新的升级和开发，同时维护自然特征和水体。

**绿色基础设施**

进入 21 世纪以来，绿化行动已不仅限于在道路、混凝土结构、公园和花园中种植传统的树木和观花灌木。作为新加坡政府首个可持续发展全国性蓝图（另参考本节下文《2015 年永续新加坡发展蓝图》）的一部分，市区重建局和国家公园局于 2009 年推出了旨在促进“空中绿化”（skyrise greenery）的倡议。市区重建局之下的“打造翠绿都市和空中绿意计划”（Landscaping for Urban Spaces and High-Rises）通过指导和激励措施，促使开发商在高层建筑的较高楼层以空中平台和屋顶花园的形式实施绿化（图 5.2）。通过“空中绿意津贴计划”（Skyrise Greenery Incentive Scheme），国家公园局为屋顶和立面绿化提供高达 50% 的安装成本补贴（National Parks Board，2016）。垂直绿化是在垂直表面栽种植物来装饰建筑外立面和户外区域，此方

图 5.2　一个采用空中绿化的高层酒店项目——皮克林宾乐雅酒店（PARKROYAL on Pickering Hotel）
图片来源：由 Patrick Bingham-Hall，WOHA 提供。

法越来越受到欢迎。高层建筑绿化使营造绿化的可能性超越了在地面种树植草的传统模式。而且在新加坡已建成的高密度城市环境中，高层建筑绿化有助于缓解城市热岛效应，减少雨水径流及改善空气质量。

新公园的开发或依照生态目标对现有公园进行再开发，近年来也取得了进展。作为最大的区域公园之一，占地 62 公顷的碧山宏茂桥公园（Bishan-Ang Mo Kio Park）有一条长 3 公里的河流，而它其实是 2011 年从一条混凝土渠道改造而来的（图 5.3）。这条河的宽度介于 40 米到 120 米，拥有新加坡首个土壤生物工程技术试验场，包含策略性的植物配置和景观建设。这种生态学方法不仅能补充地表水，减缓雨水输送，有利于减少土壤流失，还能提高该公园的生物多样性（National Parks Board，2009b）。公园中还实施了多个可持续系统，包括建筑物结构上的人工植被洼地和绿化屋顶。它们可过滤雨水径流，从而提升进入河流的水质。值得一提的是，碧山宏茂桥公园是国家公园局与公用事业局（Public Utilities Board，PUB）共同协作的成果，成为公用事业局旗下“活跃、优美、清洁——全民共享水源计划”（Active，Beautiful，Clean Waters，ABC）的三个示范项目之一。

## 蓝色基础设施

“活跃、优美、清洁——全民共享水源计划”由公用事业局于 2006 年启动，旨在使排水沟、渠道和蓄水池等“灰色”基础设施转变为可在现有环境内进行无缝串联的“蓝色”水道网

**图 5.3　碧山宏茂桥公园拥有从混凝土渠道改造而成的河流**
图片来源：由王才强提供。

络，以创造社区休闲空间（PUB，2016b）。实际上，在此计划启动前，一项早期的举措就已取得成果，那就是 20 世纪 80 年代末将阿比阿比河（Sungei Api Api）及当地的红树林纳入白沙（Pasir Ris）新市镇。除了在生态学上意义重大，这条河及其沿岸的步道还备受当地居民喜爱。通过美化和激活水域和陆地的交界，此举措不但超越了其自身的工程意义，还将专业的景观设计、生物工程和城市设计纳入同一个框架当中。除了碧山宏茂桥公园项目，其他具有示范性的案例包括拥有戏水区域、漂浮式湿地和步行道的亚历山大水道（Alexandra Canal），以及设有宣教亭和学习小径的罗弄哈鲁士湿地（Lorong Halus Wetland）。

受到全球变暖影响，近来的天气常见倾盆大雨，增加了突发性淹水和水渠满溢的风险。鉴于此类挑战，公用事业局的洪水管理措施就非常必要。例如，长度 2 公里、位于地下的史丹福分水渠（Stamford Diversion Canal）将水从史丹福水道（Stamford Canal）上游集水区引入新加坡河。史丹福分水渠工程和史丹福地下储水池（Stamford Detention Tank）在 2017 年竣工，它们会通过“水源 – 通道 – 接收池”的方法来加强乌节路购物区的防洪能力（PUB，2016c）。凭借对科技的应用，公用事业局还能够对洪水进行监测。2015 年 11 月，公用事业局与新加坡科技研究局（A*STAR）的信息通信研究院（I2R）开展协作，成功建立了试验性洪水检测系统。水位传感器被安装在公用事业局现有的排水沟和渠道网络中，在达到特定水位时会自动发送警报，由此将触发系统开始分析受影响区域的实时监控录像信息。当分析结果显示有发生洪水的迹象或潜在可能性时，该系统将通知公用事业局的工作人员（Institute for Infocomm Research，2015）。

这些水道还在新加坡本地集水区中发挥功能。集水区由 8000 公里的水道和 17 个蓄水池组成（图 5.4）。该集水区可收获大量的水，因为该集水区目前已覆盖了全岛土地面积的三分之二，而且最终会扩大到全岛土地面积的 90%。因此，本地集水区成为新加坡的“国家四大供水来源”（PUB，2013，1）之一，另外三个“水源”分别是进口水、新生水（经过净化的废水）和脱盐海水。

## 旨在建立环境可持续性的长期规划

建立可持续性的道路是相当艰难的，必须采取周密的规划和设立长期的目标，并使政府、私营部门和社会共同参与协作，以培养对环境负责任的文化。上文提到的各项环境计划体现了在早期实施具有远见的短期举措如何能带来可持续且长期的影响。另外，同样关键的是实施定期的战略性审核、持续的规划和新概念的开发。在这方面，绝不能低估一个负有责任的政府和一个有能力制定强有力的政策并协调长期计划的行政机制的重要性。

### 《1991 年绿色和蓝色计划》及《1992 年新加坡绿色发展蓝图》

在编制《1991 年概念规划》时，市区重建局还制定了《1991 年绿色和蓝色计划》（Green and Blue Plan），其中包括一个由

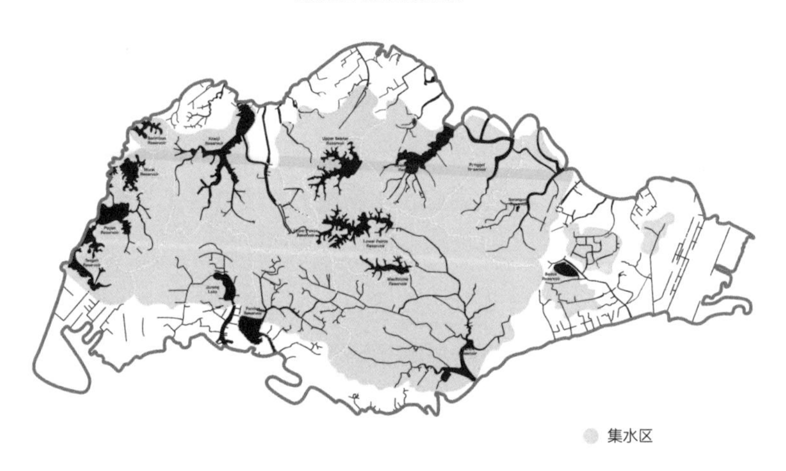


**图 5.4　新加坡主岛的“蓝色”水道和蓄水池网络**
图片来源：由公用事业局提供。

现有及规划的“绿色”和“蓝色”空间组成的网络，它涵盖公园、水道和连道。在那个时期，由当时的环境部牵头成立了若干跨部门工作小组，负责制定战略性环境规划（Neo *et al.*，2012）。由此，新加坡于 1992 年制定了第一份国家级绿色发展蓝图，并于同年在里约热内卢举办的地球峰会上发布。这份《新加坡绿色计划》(Singapore Green Plan）确立了对《21 世纪议程》及针对社会环境可持续性问题的国际合作的支持。该规划课题为“打造绿色城市典范”(Towards a Model Green City)，强调通过对新项目 [ 例如实马高岸外垃圾填埋场（Semakau Landfill）和一座垃圾焚化厂 ] 进行重大基础设施投入，以及对城市水体和滨水区域实施改善，以营造优质的生活环境并达到较高的公共卫生标准。《1991 年绿色和蓝色计划》及《1992 年新加坡绿色发展蓝图》中提出的补充性内容后来被编入一份名为《公园与水体计划》(Parks and Waterbodies Plan）的新规划文件。

## 《公园与水体计划》

《公园与水体计划》制定了“绿色”和“蓝色”网络，并凭借它们自身对公用事业资源（集水区）、生物多样性和自然遗产（自然保护区、自然区和海洋生物公园）和娱乐休闲设施（绿色空间和公园连道）的重要性而得到保护（图 5.5）。第一份《公园与水体计划》由市区重建局与国家公园局协作，并与各利益相关方展开磋商，作为《2003 年总体规划》的一部分进行编制。此后，《公园与水体计划》还进行了多次审阅、公开磋商，并通过新的建议方案进行更新。这些建议方案被纳入后续的概念规划当

**图 5.5 《公园与水体计划》**
图片来源：由根据市区重建局提供的图片修改。

中，并形成了最终的总体规划。作为规划工具，《公园与水体计划》在新加坡实体环境的战略性发展中发挥了重要作用。通过确定在未来 10~15 年需要加以保护的休闲娱乐和自然区域，《公园与水体计划》有助于确保未来的城市发展和扩张不会损害环境质量和人类福祉。

### 《2015 年永续新加坡发展蓝图》

自从新加坡于 1997 年签署《联合国气候变化框架公约》（UNFCCC）后，通过在发电中用天然气替代燃油，由化石燃料燃烧产生的人均二氧化碳排放量已减少 35% 以上（Boden，Marland and Andres，2015）。新加坡于 2006 年加入《京都议定书》，并于 2014 年签署《京都议定书多哈修正案》。作为促进建筑环境可持续性举措的一部分，建设局（Building and Construction Authority）于 2005 年推出“绿色建筑标志奖计划”（Green Mark Scheme），以认可并落实环保建筑的设计和建造。作为对新加坡而言最有前景的可再生能源，太阳能的使用也从 2009 年的 2 兆瓦大幅增长到 2015 年的 60 兆瓦，并预计在 2020 年将达到 350 兆瓦，或大约相当于电力峰值需求量的 5%（National Climate Change Secretariat，2016）。

新加坡最近的战略性环境规划是《2015 年永续新加坡发展蓝图》（Sustainable Singapore Blueprint 2015），由环境及水源部与国家发展部（MND）共同编制，对 2009 年的第一版给予了补充。自此以后，新加坡已经或正在实现 2009 年确定下来的 2020 年和 2030 年目标。2015 年版本的新增内容立足于“生态智能”居住区、“减少用车”环境、零废弃物国家、领先的绿色经济和社区管理的全国性愿景。着眼于实现这些目标的举措包括“智慧国家”（Smart Nation）计划，该计划将依托大数据和技术驱动的创新，提高未来的交通和住屋水平。

## 推动可持续发展：创新和知识

虽然政府政策和规划路线可帮助推广可持续性原则和价值观，但由于全球各种因素和趋势超越了国家的管辖范围，因而这些工具在范围上具有局限性。尽管如此，它们依然能在本地产生影响。为此，私营部门、研究机构和社会都应肩负与政府相同的职责，通过创新、知识和思维推动建立强有力的可持续性理念。利用新技术，在研发中应用新颖的工具和方法，并为公民参与可持续发展提供创造性的通道，这些都可能是从基层培养环境意识与责任心的方法。

例如，新兴的“绿色经济”就是一个充满机遇的领域，创业公司、中小型企业、跨国公司和投资者等私营部门的成员都有可能参与或帮助带来进一步的发展。从采用清洁技术和可再生能源到实施企业环境战略和举措，各个公司可推出能显著降低环境风险和弥补生态短缺的服务和产品，从而实现创新。此外，随着信息通信技术领域的不断进步及消费者对新数字媒体的接纳，在服务及产品的交易、交付和接收方式上还有很大的潜力可供挖掘。研发部门在推动可持续性议程当中也发挥着重要作用，通过严谨的科学、应用和设计研究产生针对可持续规划和发展的知识和解决方案。这种技术和知识转让的重要性不仅在于可借此加强环境基础设施，还能为政府政策和法规提供参考，甚至产生影响。

最后，针对环境问题树立起根深蒂固的社会责任感，对于长期可持续发展而言是关键要素。虽然政治领导层及由其设立明确的目标在目前至关重要，但这样的文化转型亦可通过公众教育来促成。也许最好的实现方式是通过公众的积极参与，帮助营造一种值得为子孙后代留存的宜居城市环境。

# 第6章

# 结　论

变化是城市生存的常态，也就是说，城市的未来是不断被建造和再建造的。在过去的五十年间，新加坡在长期概念规划的指引下经历了快速和持续的变化。全球预测表示动荡的时代即将来临，而这将考验全球城市应对气候变化、粮食与水安全、金融危机、人口组成变动等问题的韧性。就此而言，构想新加坡城市未来的工作将是一个不间断的过程，需要了解居民不断变化的需求和行为，并注重创新、策略和协调工作。在未来几十年里，三个大趋势将对土地资源紧缺的新加坡的城市规划与发展产生巨大的影响：人口老龄化与人口增长；土地利用的优化与城市宜居性；以及未来城市思想和城市创新。

## 人口老龄化与人口增长

目前，约 440000 名新加坡人年龄在 65 岁或以上；到 2030 年，这个数量将翻倍，达 900000 人，即每 5 人中将有 1 人归入此类别（Ministry of Health，2016）。一个老龄化的社会将给城市基础设施带来新的需求和压力，迫使诸如住屋、交通、卫生保健及日常设施之类的规划和设计必须周到和全面，以达到积极老龄化（active ageing）及原居安老（ageing-in-place）的目标。与此同时，老龄化相关问题亦可产生创意，不仅限于用来提升与病患监控和服务提供方面相关的产品和技术，还可用在诸如正在兴起的老龄保健、养生和财务等经济领域。再者，新加坡未来的老年人将会是受过更高的教育，更精通技术，而且更中意于通过继续就业来延长他们的多产年限的一群人。在构建一个对老年人工作、生活与玩乐友善的环境及拟定相关的政策与规划时，有必要更好地了解这些新的情况及其可能产生的影响。

第二，到2030年，人口按计划将增长至690万。在这里面，新加坡公民和永久居民将占人口的60%，而剩下的40%将由非居民组成（从2015年算起增加10%）。换句话说，在每2.5人中，将有一人是外国人。这个通过移民来保持人口增长的决定的推动力来自新加坡人口的逐渐老龄化和持续下降的生育率。随着不断增长的人口和随之出现的文化多元性，特殊的社会问题可能会浮出水面，从而影响邻里社群的凝聚力。这些社会问题会由于新加坡固有的有限土地资源而加剧。因为土地问题已经导致城市发展不得不往更高和更密集的方向推进，致使居民的生活空间越来越紧密。社会景象的变化将使规划所面对的挑战与机遇呈现出多面性，需要采取一个涵盖例如社会学、心理学、慈善机构等多学科知识的多方位框架去应对。

## 土地优化利用与城市宜居性

把本书里各个章节串联起来的线索便是土地规划，更具体地说，是对土地资源稀缺的新加坡，在各种竞相要求的情况下进行的规划，以确保土地（及未来的地下与海洋空间）的发展达到要求的效率和策略目标。为了确保当前的城市增长和发展方式可以长期持续下去，一个代表新加坡的规划理念（也代表新加坡的建筑环境）的主要土地政策是土地的优化利用。此空间政策（spatial policy）是以最具效率的方式来组织土地利用，以充分发挥其地理和土地效用。数项战略措施已在此政策下推行。

尽管至今为止，土地优化利用是治理新加坡有限土地资源的一个有效的政策工具，但是，大量更高、更密的发展项目对宜居性的冲击必须被更好的理解。其实，城市密度与城市宜居性并非是相互排斥的。就拿中国香港、英国伦敦和新加坡为例，这些城市的人口密度都很高，但它们在宜居城市上的排名也都很高（Centre for Liveable Cities and Urban Land Institute，2013）。然而，城市在具备能力确保高生活质量的同时又能进行高度城市化这一点必将面临即将到来的人口与环境变化（如人口老龄化和气候变化）的考验。当一个城市向着更高密度发展时，可确保建筑环境优质、包容与具备韧性的规划和设计工作将会越来越重要，也更具挑战性。

**未来城市思想和城市创新**

今天的全球化与科技型世界充满着创新机会。从新颖的产品与服务到试验性的设计与商业模式，城市不再只扮演其传统贸易与行政枢纽的角色，而扩展成为技术和知识生产的中心。在当今的这个角色中，城市比过去任何一个时候都更好地装备着硬件与软件来为我们这个时代中最棘手的问题开发解决方案。然而，要有效地开发出有效率的解决方案需要一套跨学科的框架，以综合来自各种产业与部门的专门知识。早年，新加坡采用“整体政府”（whole of government）的方法来处理住屋、经济发展和环境改善中存在的大问题。当时，许多具有创意的解决方案都是从多个机构的合作与协作中产生的。最近数十年间，新加坡进一步加强它与私营部门的伙伴关系来帮助实现和实施大规模的城市项目。然而，城市创新不仅是一个开发解决方案的过程，它也是一个了解人们的需要与行为的过程，有必要以远程思维来看待未来城市的建设。其中，未来的干扰性技术也会改变社会的一贯做法，诸如上下班与购物行为，以及卫生保健与学习的常规习惯。

未来城市思想要求城市规划师、政策制定者、实践者和社区成员想象设计、科技和社会经济的进步可为城市增长和发展带来的各种可能性。恰恰是通过这种批判性的构想（若可能，还可以对设计或科技进行试验）才可产生出新的设计模式与范例，之后再借政策审核加以完善。随着城市发展，还有必要让规划模式与范例逐步演变，以确保建筑空间和形式继续支持未来的城市活动与实践。在这一方面，新加坡已经着手对空域、地下空间，以及海域的利用可能性进行更大范围的探索，作为未来发展的路径。新加坡目前的规划范式是由一个泛岛公共地铁网络将数个分散的，集合工作、生活与娱乐于一体的高密度节点加以串连。如何利用空域、地下空间及海域，以及利用到什么程度，必将影响或改变新加坡现行的空间格局。由于研究目前正在进行中，这一点尚有待观察。但是，立足于长远的未来城市思想的势头正在增强。国家已划拨资金给国立研究基金会（National Research Foundation）来推动能源韧性、环境可持续性和城市系统的研究和发展工作（参见 National Research Foundation，2016）。再者，大学也正在提升新加坡的研究与开发能力，通过设立研究所和进行影响深远的研究，来解决未来城市将面临的问题，如人口老龄化、环保出行、城市集约化及城市绿化等。

最后，为可持续的城市未来进行的土地规划不仅是一个更好地了解需求与行为、创新、策略与协调的过程，它也是一种涉及灵活性的操作。一个经常回顾并反思的城市系统与政策的常规程序可为提出根本性、关键性及具前瞻性的问题提供更多机会，从而激发全新和有创意的想法。将这些未曾试用的想法转化成可实施的计划需要在制定政策的阶段保持相当程度的灵活性。因此，将操作上的灵活性融入决策框架中不但可以促成具有创意的土地利用战略的快速采用，还可以提高国家面临不确定的未来状况的适应能力和韧性。过去五十年的岁月里，新加坡在城市规划与发展方面所取得的成就是辉煌的。但是在接下来的五十年，为城市增长和发展进行规划将会面临前所未有的挑战和复杂情况。与此同时，未被开发的技术与创意潜能将会给我们带来崭新的规划机遇。也就是说，在经济、社会和环境的方方面面可能出现的机遇，将会是前所未有的丰硕。

# 注　释

1 “城市国家”（city-state）的概念指的是由单独的城市组成的国家，也就是为什么新加坡通常被称为“城市国家”。但是，在这里及随后的讨论中要注意的关键一点是，新加坡的“城市”概念实际上指的是一个市区核心连同周边的市郊和 23 个新市镇（图 1.1）。

2 新加坡目前的总人口为 550 万，其中常住人口（包括新加坡公民和永久居民）为 390 万（Department of Statistics，2015b）。

3 在 2017 年 1 月 18 日，刘太格博士与作者讨论时说，虽然人口目标是 440 万，但概念规划的应急率是 25%，因此可以容纳 550 万人口。市区重建局的文档显示规划人口数目为 400 万（URA，1991）。

4 中央区域包含 22 个规划分区，其中 11 个形成特殊边界，即中央区（Central Area）。

5 “Housing problem-how it is being solved”（住屋问题如何解决），The Straits Times，10 June 1962，p 10.

6 人口从 1970 年的 226884 人减少到 1980 年的 149895 人。

7 总人口从 1970 年的 2074507 增加到 1980 年的 2413507。

8 人工公路收费计划在 1995 年扩展到东海岸公园大道，高峰时段使用需付费。

9 “$45m. industrial town plan for S’pore”（新加坡斥资 4500 万新元建设工业城镇），The Straits Times，4 July 1960.

10 “Japanese team here to plan new town”（日本专家团到访新加坡为新市镇进行规划），The Straits Times，27 November 1960，p 7.

11 “Singapore maps for prosperity at Jurong”（新加坡为裕廊的繁荣发展进行策划），The Straits Times，1 February 1961，p 6.

12 “The Jurong of the future...”（未来的裕廊……），The Straits Times，13 October 1961，p 10.

13 数字源自 1963 年《海峡时报》。

14 “The problem：How to get workers to live in Jurong”（问题是如何让工人居住在裕廊？），The Straits Times. 3 April 1965，p 13.

15 “Jurong now fully self contained town，says JTC”（裕廊镇管理局：裕廊现在是完全自给自足的市镇），The Straits Times，24 November 1972，p 12.

16 Ho，J. “Jurong hive of industry”（裕廊成为一个充满活力的工业区），The Straits Times，14 August 1996.

# 参考书目


Boden, T A, G Marland and R J Andres. *National CO2 Emissions from Fossil-Fuel Burning, Cement Manufacture, and Gas Flaring: 1751-2011*. Carbon Dioxide Information Analysis Center, Oak Ridge National Laboratory, US Department of Energy, doi 10.3334/CDIAC/00001_V2015.

Centre for Liveable Cities. *Built by Singapore: From Slums to a Sustainable Built Environment*. Singapore: Centre for Liveable Cities, 2015.

Centre for Liveable Cities and Urban Land Institute. *10 Principles for Liveable High-Density Cities: Lessons From Singapore*. Hong Kong: ULI; Singapore: CLC, 2013.

Chen, P S J. "Social change and planning in Singapore". In *Singapore: Twenty-five Years of Development*, edited by P S You and C Y Lim. pp 315-338. Singapore: Nan Yang Xing Zhou Lianhe Zaobao, 1984.

Dale, O J. *Urban Planning in Singapore: The Transformation of a City*. Shah Alam, Selangor: Oxford University Press, 1999.

Department of Statistics. "Report on the Census of Population 1970, Singapore". Volume 1, p.31. Singapore: Government Printing Office, 1973.

Department of Statistics. "Time series on per capita GDP at current market prices" (online, 2015b). Accessed on 17 May 2016. https://www.singstat.gov.sg/docs/default-source/default-document-library/statistics/browse_by_theme/economy/time_series/gdp.xls

Department of Statistics. *Population Trends 2015* (online, 2015a). Accessed on 8 March 2016 and 4 September 2016. http://www.singstat.gov.sg/docs/default-source/default-document-library/publications/publications_and_papers/population_and_population_structure/population2015.pdf

Economic and Social Commission for Asia and the Pacific (ESCAP). *Human Settlement Atlas for Asia and the Pacific: Part 3*. New York: United Nations, 1986.

Housing & Development Board. "Public Housing - A Singapore Icon" (online, 2016). Accessed on 9 September 2016. http://www.hdb.gov.sg/cs/infoweb/about-us/our-role/public-housing--a-singapore-icon

Housing & Development Board. *HDB Annual Report 1972*. Singapore: Housing & Development Board, 1972.

Housing & Development Board. *HDB Annual Report 1978/79*. Singapore: Housing & Development Board, 1978/79.

Housing & Development Board. *HDB Annual Report 1979/80*. Singapore: Housing & Development Board, 1979/80.

Housing & Development Board. *HDB Annual Report 1982/83*. Singapore: Housing & Development Board, 1982/83.

Housing & Development Board. *HDB Annual Report 1983/84*. Singapore: Housing & Development Board, 1983/84.

Housing & Development Board. *HDB Annual Report Key Statistics* (online, 2014/2015). Accessed on 8 March 2016. http://www10.hdb.gov.sg/ebook/ar2015/key-statistics.html

Huang, S. "Planning for a tropical city of excellence: Urban development challenges for Singapore in the 21st century". In *Built Environment*, 27(2), pp. 112-128, 2001.

Huo, N and C K Heng. "The Making of State-Business Driven Public Spaces in Singapore". In *Journal of Asian Architecture and Building Engineering*, 6(1), pp. 135–142, 2007.

Institute for Infocomm Research. "PUB trials smarter system for flood detection during Northeast Monsoon" (online, 2015). Accessed on 24 August 2016. http://www.i2r.a-star.edu.sg/sites/default/files/media-releases/PUB%20trials%20smarter%20system%20for%20flood%20detection% 20during%20Northeast%20Monsoon.pdf

Kim, K and S Y Phang. "Singapore's housing policies: 1960-2013" (online, 2013). Accessed on 30 January 2015. https://www.kdevelopedia.org/mnt/idas/asset/2013/11/19/DOC/PDF/04201311190129109073270.pdf

Koh, T. "The principles of good governance" (online, 2009). Accessed on 16 May 2016. http://lkyspp.nus.edu.sg/wp-content/uploads/2013/04/sp_tk_The-Principles-of-Good-Governance_071009.pdf

Land Transport Authority. "Press Release: Extension of Free Pre-Peak Travel By One Year" (online, 2014). Accessed on 12 March 2015. http://www.lta.gov.sg/apps/news/page.aspx?c=2&id=e96f7b3a-67dd-4588-9fd9-d115472cf9b0

Land Transport Authority. "Quota Allocation (From Apr 2010 bidding exerciseonwards)"(online,2016).Accessedon19August2016.https://www.lta.gov.sg/content/dam/ltaweb/corp/PublicationsResearch/files/FactsandFigures/COEQuotaAllocationRV.pdf

Land Transport Authority. "Singapore Land Transport Statistics in Brief 2015" (online, 2015). Accessed on 15 August 2016. https://www.lta.gov.sg/content/dam/ltaweb/corp/PublicationsResearch/files/FactsandFigures/Statistics%20in%20Brief%202015%20FINAL.pdf

Liu, T K. "Towards a tropical city of excellence". In *City & The State: Singapore's Built Environment Revisited*, edited by G L Ooi and K Kwok. pp 31-43. Singapore: Institute of Policy Studies: Oxford University Press, 1997.

Low, C C L. *10-Stories: Queenstown Through the Years*. Singapore: National Heritage Board, 2007.

Mahbubani, K. "Preparing for the Chinese-Indian century" (online, 2014). Accessed on 16 May 2016. http://www.gatewayhouse.in/preparing-for-the-chinese-indian-century/

Ministry of Health. "Action plan for successful ageing" (online, 2016). Accessed on 24 February 2016. https://www.moh.gov.sg/content/dam/moh_web/ SuccessfulAgeing/what-is-the-plan-about.html

Ministry of Manpower. "Conditions of Employment 2014: More Firms Adopt Family-Friendly Practices" (online, 2014). Accessed on 12 March 2015. http://www.mom.gov.sg/newsroom/Pages/PressReleasesDetail. aspx?listid=604

Ministry of Trade and Industry. "Report of the Economic Committee: The Singapore Economy: New Directions" (online, 2012). Accessed on 18 March 2016. https://www.mti.gov.sg/ResearchRoom/Documents/app.mti.gov.sg/data/pages/885/doc/econ.pdf

Motha, P and B K P Yuen. *Singapore Real Property Guide*. Singapore: Singapore University Press, 1999.

National Climate Change Secretariat. *Singapore's Climate Action Plan: Take Action Today, For a Carbon-Efficient Singapore.* Singapore: National Climate Change Secretariat, 2016.

Neo, B S, J Gwee and C Mak. "Cast Study 1: Growing a city in a garden". In *Case Studies in Public Governance: Building Institutions in Singapore*, edited by June Gwee. pp 11-63. London: Routledge, 2012.

Neville, W. "The distribution of population in the post-war period". In *Modern Singapore*, edited by J B Ooi and H D Chiang. pp 52-68. Singapore: University of Singapore, 1969.

National Parks Board. "Bringing Kallang River into Bishan Park" (online, 2009). Accessed on 1 July 2016. https://www.nparks.gov.sg/news/2009/10/bringing-kallang-river-into-bishan-park

National Parks Board. "Heritage roads" (online, 2016a). Accessed on 4 July 2016. https://www.nparks.gov.sg/gardens-parks-and-nature/heritage-roads

National Parks Board. "Heritage trees" (online, 2016b). Accessed on 4 July 2016. https://www.nparks.gov.sg/gardens-parks-and-nature/heritage-trees

National Parks Board. "Skyrise greenery incentive scheme 2.0" (online, 2016c). Accessed on 1 July 2016. https://www.nparks.gov.sg/skyrisegreenery/incentive-scheme

National Population and Talent Division. *A Sustainable Population for a Dynamic Singapore.* Singapore: Prime Minister's Office, 2013.

National Research Foundation. "National innovation challenges" (online, 2016). Accessed on 27 March 2016. http://www.nrf.gov.sg/about-nrf/programmes/national-innovation-challenges

Pearson, H F. "Lt Jackson's Plan of Singapore". In *Journal of the Malaysian Branch of the Royal Asiatic Society*, 42(1), pp 161-165, 1969.

Phang, Sock Yong. "The built environment and transport". In *City and the State: Singapore's Built Environment Revisited*, edited by G L Ooi and K Kwok. pp 65-77. Singapore: Oxford University Press, 1997.

Public Utilities Board. "Active, beautiful, clean waters programme" (online, 2016b). Accessed on 5 July 2016. https://www.pub.gov.sg/abcwaters/about

Public Utilities Board. "Construction of Stamford Diversion Canal Contract 2 (Grange Road)" (online, 2016c). Accessed on 24 August 2016. https://app.pub.gov.sg/constructionprojects/Pages/ShowLargeProj.aspx?par=senIBPDrQ3JSz4B5gZMLIN6aiBXJrVlPk8UeAEJ9NKI=

Public Utilities Board. "Marina reservoir" (online, 2016a). Accessed on 5 July 2016. https://www.pub.gov.sg/marinabarrage/aboutmarinabarrage/marinareservoir

Public Utilities Board. *Our Water, Our Future. Singapore: Public Utilities Board* (online, 2013). Accessed on 5 July 2016. https://www.pub.gov.sg/Documents/OurWaterOurFuture_2015.pdf

Public Works Department. *Annual Report 1970*. Singapore: Government Printing Office, 1970.

Sim, L L. "Planning the built environment for now and the 21st century". In *City & The State: Singapore's Built Environment Revisited*, edited by G L Ooi and K Kwok. pp 12-30. Singapore: Institute of Policy Studies: Oxford University Press, 1997.

Sino-Singapore Jilin Food Zone. "Project" (online, 2015). Accessed on 29 February 2016. http://www.ssjfz.com/en/common.php?id=16

Tan, C N. "Repositioning Singapore Inc". In *Heart Work*, edited by C B Chan. pp 197. Singapore: Singapore Economic Development Board and EDB Society, 2002.

Tan, T B. "Estate management". In *Public Housing in Singapore: A Multi-Disciplinary Study*, edited by H K Yeh. pp 185-213. Singapore: Singapore University Press, 1975.

Tan, Y S, T J Lee and K Tan. "Reflections of Singapore's environmental journey". In *50 Years of Environment: Singapore's Journey Towards Environmental Sustainability*, edited by Y S Tan. pp 3-14. Singapore: World Scientific, 2016.

Teh, C W. "Public housing in Singapore: an overview". In *Public Housing in Singapore: A Multi-Disciplinary Study*, edited by H K Yeh. pp 1-21. Singapore: Singapore University Press, 1975.

Turnbull, C M. *A History of Modern Singapore, 1819-2005*. Singapore: National University of Singapore Press, 2009.

United Nations. "World water day 2013: International year of water cooperation, facts and figures" (online, 2013). Accessed on 22

March 2016. http://www.unwater.org/water-cooperation-2013/water-cooperation/facts-and-figures/en/

United Nations. *Population Division 2015 Data Query* (online, 2015). Accessed on 20 August 2015. http://esa.un.org/unpd/wpp/DataQuery

Urban Redevelopment Authority. *A High Quality Living Environment For All Singaporeans*. Singapore: Urban Redevelopment Authority, 2013.

Urban Redevelopment Authority. *Living the Next Lap: Towards a Tropical City of Excellence*. Singapore: Urban Redevelopment Authority, 1991.

Urban Redevelopment Authority. *The Concept Plan*. Singapore: Urban Redevelopment Authority, 2001.

# 作者简介

**王才强（Heng Chye Kiang）**

王才强博士是新加坡国立大学“教务长讲席”教授，主要研究领域包括可持续的城市规划与设计、中国建筑与城市的历史等。他是多个国际学术刊物的编辑委员会成员，也是亚洲多个国际设计比赛项目的评审团成员。他担任过新加坡国立大学原设计与环境学院院长、新加坡市区重建局、宜居城市研发中心（Centre for Liveable Cities）和建屋发展局董事。著作包括《新加坡城市规划五十年》（2016）、《重新建构城市空间》（2015）、《论亚洲街道与公共空间》（2010）、《唐长安的数码重建》（2006），以及《贵族与官僚城市》（1999）。

**杨淑娟（Yeo Su-Jan）**

杨淑娟博士是城市问题专家。她的工作定位在文化 / 社会、建筑环境和城市政策的交汇点上。目前，她是英属哥伦比亚大学社区与区域规划学院的博士后研究员。她在新加坡国立大学建筑系获得博士学位，在该大学的设计与环境学院曾担任副研究员。在踏入学术界前，她曾在新加坡市区重建局担任城市规划师。

# 译者简介

陈丹枫（Tan Dan Feng）于1993年开始翻译生涯，曾在新加坡多所大学教授翻译课程。他创办的非营利机构 The Select Centre 曾在伦敦国际书展入围最佳国际文学翻译项目奖项。他曾是第八届亚太翻译论坛学术委员会委员，出版作品包括《活在通天塔：新加坡文学翻译》和《备忘录：新加坡华文小说读本》（英文翻译版）。

曹语芯博士是新加坡国立大学设计与工程学院亚洲可持续城市研究中心的博士后研究员。她的研究方向包括老年友好社区、新加坡组屋和健康城市。她在新加坡国立大学建筑系获得博士学位，在美国康奈尔大学获得建筑学硕士学位。攻读博士学位前，她曾就职于美国的 Jeffrey McKean Architect 等建筑事务所。